祝酒词

飞言飞语

王 飞 ◎ 著

沈阳出版发行集团

沈阳出版社

图书在版编目（CIP）数据

飞言飞语祝酒词 / 王飞著 . -- 沈阳：沈阳出版社，
2024. 10. -- ISBN 978-7-5716-4419-2

Ⅰ . TS971.22

中国国家版本馆 CIP 数据核字第 2024RG5005 号

出版发行： 沈阳出版发行集团｜沈阳出版社

（地址：沈阳市沈河区南翰林路 10 号　邮编：110011）

网　　址： http://www.sycbs.com

印　　刷： 三河市祥达印刷包装有限公司

幅面尺寸： 170 mm×240 mm

印　　张： 12

字　　数： 120 千字

出版时间： 2024 年 10 月第 1 版

印刷时间： 2024 年 10 月第 1 次印刷

责任编辑： 王冬梅

封面设计： 天下书装

版式设计： 梁　娇

责任校对： 张　磊

责任监印： 杨　旭

书　　号： ISBN 978-7-5716-4419-2

定　　价： 49.80 元

联系电话： 024-24112447　024-62564955

E - m a i l： sy24112447@163.com

前言
PREFACE

　　生活中，无论是工作聚餐、商务晚宴、朋友小聚，还是婚宴、生日宴，都免不了要祝酒。在举杯欢庆的时刻，一段流畅、得体的祝酒词有助于营造轻松愉快的氛围，拉近人与人之间的距离。

　　比如，在工作聚餐、公司年会等正式场合，祝酒词能表达出我们对合作伙伴、同事的尊重和感谢，加深彼此之间的了解和信任；在朋友小聚、同学聚会、战友聚会上，漂亮的祝酒词能传递出对朋友、同学以及战友的关爱和情谊，让彼此的感情更加深厚。

　　会说祝酒词是社交场合中的一项重要技能，不仅能够彰显个人的文化素养和表达能力，还能够快速调动聚会的气氛，增进人际关系。因此，我们应该注重培养自己说祝酒词的能力，在社交场合中展现出自己的魅力和风采。

一段恰到好处的祝酒词需要遵循四个原则：

第一，祝酒词要简短精练。在众人举杯共饮的时刻，没有人愿意听冗长乏味的讲话，所以我们的祝酒词要言简意赅，突出重点，最简单的可以从感谢、祝福等角度入手，用简洁的语言表达心意。

第二，祝酒词要真诚动人。真诚是表达情感的基石，只有真诚的祝酒词才能打动人心。祝酒词还要避免空洞的套话和夸张的言辞，我们要用心去感受每一个场合、每一个人，找到与之相关的情感共鸣点。比如，可以讲一讲大家共同经历的往事，或者表达对某人某事的敬佩与感激，让听众感受到你的真诚与热情。

第三，祝酒词要适时适度。在社交场合，说祝酒词需要把握时机和分寸，不要过于频繁地举杯致辞，以免让人感到厌烦。同时，也要注意不抢别人的风头，尊重其他人的发言。在适当的时机，用恰当的方式表达自己的祝福与敬意，才能给人留下深刻印象。

第四，祝酒词要具有个性。我们可以根据自己的特点和喜好，选择适合自己的表达方式和语言风格。比如，如果我们平时比较风趣幽默，可以适当调侃一下大家；如果我们平时偏好文学，可以用诗意盎然的语言表达祝福。这样的祝酒词既能展现你的个性魅力，又能让听众感受到你的独特风采。

本书列举了大量在聚会场景中适用的祝酒词，也兼顾了一些不一定饮酒，但也要表达美好祝福的场合，比如孩子的百日宴、儿童的生日会等。我们可以从中汲取灵感和技巧，锻炼并提升自己的表达能力。另外，由于作者的工作关系，书中一些祝酒词也提到了山东省日照市，读者可以将其换成您的家乡和生活的地方。只要我们用心去感受、去体验、去实践，相信我们一定能够成为善于运用祝酒词的"艺术家"，为自己的社交生活增添更多的色彩和乐趣。

目 录
CONTENTS

第一章

欢迎篇

一开口就让朋友喜欢你

1. 了解日照，从味道开始，今天就从这儿开始。

茫茫人海能相遇，便是人间有缘人。

愿您春风得意，生活如意，资产过亿。

2. 华夏儿女千千万，今日有缘来相见。

欢迎上海的朋友来到美丽日照，多彩日照。经山历海，精彩无限。

祝愿大家在日照玩得开心，吃得放心，住得安心。

3. 山水有来路，早晚复相逢。欢迎大家来到美丽的日照。日出江花红胜火，感谢领导支持我；日照香炉生紫烟，粉丝就是我的天。

4. 想了一百个关于海的文案，都不如面朝大海。

很多人都说，靠近海的城市会浪漫些，如果您的城市没有海，欢迎您到海滨小城——日照。

5. 我喜欢大海，因为它可以包容万物；我喜欢海浪，因为它可以冲走所有烦恼。

当您看见大海之后就不会在意池塘里的是非了。

最好的风景在这里——日照。

6.这么近，那么美，我们一起来赶海。生命不是一场赛跑，而是一场旅行。比赛在乎的是终点，而旅行在乎的是沿途的风景。

山海辽阔，人间值得，我在日照等您！

7.花有花期，人有时运，让我们怀爱与诚，静待来日！

欢迎来到多彩日照！

8.与其向往不如出发，这个夏天没有任何理由错过日照的蓝天碧海金沙滩。

让我们趁年轻，保持热爱，奔赴山海，一路出发一路繁花。

9.千古江山万里云，世间真情最难寻。茫茫人海能相识，便是人间有缘人。

欢迎新疆的朋友，让我们相聚日照，品尝味道。

10.每次看到同行闪闪发光的时候，我也想闪闪发光，因为这样我们才能并肩同行。

如果志同道合，希望我们联合共赢；如果人各有志，期待我们顶峰相见。

岁月深长，万物有限。愿努力生活的餐饮人各有各的风雨灿烂。

11. 有一种感情叫天长地久，有一种掌声叫现在就有。

掌声响起来，好运自然来。谁的掌声最响亮，四季发财年年旺。欢迎大家。

12. 真的很喜欢做餐饮，通过美食做一个纽带去认识更多的朋友。

我觉得做生意也是交朋友的一个过程，诚实做人，诚信做事，不消耗人品，不辜负信任。欢迎大家的到来！

13. 都说秋天适合思念，我觉得秋天更适合见面。只要您想来，东南西北都顺路，春夏秋冬都有空！欢迎！

14. 尽揽城市之美，不负韶华朝夕。活力日照，豪情满怀。

为家乡代言，为日照点赞。让更多的朋友了解日照，喜欢日照。

让日照成为更多人的诗和远方。欢迎大家的到来。

15. 欢迎大家来到美丽的日照，也感谢大家的支持和关注。

未来，我会继续努力，做一个温柔纯良且内心强大的人，照亮别人也温暖自己。

愿生活不拥挤，笑容不刻意，所有期待都会到来！

16. 欢迎大家的到来！饭店不大，创造神话；小嘴一张，鸟语花香。

祝您，青春常驻永不老，各路财神把您找！

17. 喝酒您是行家，倒酒我是专家。今天很荣幸认识您，让我来为您服务吧！

18. 今天很荣幸认识您，我感到很开心。

为我们第一次的缘分，我敬您一杯。

19. 一杯美酒，一份祝福，献给远道而来的您。

愿您的旅程充满喜悦，愿这杯酒给您带来宾至如归的温馨。

此刻，我们共同举杯，祝愿您此行愉快，留下美好的回忆。

20. 举杯遥祝远行人，愿君生计如意心。

千里孤行路未尽，珍重此生平。

21. 愿您来到此处，如同酒香四溢，让我们的友情如同美酒一般，越陈越香。

干了这杯酒，愿您在此行的回忆中，永远留下一分美好的味道。

22. 喝出友谊，品出人生百味。

祝您在人生的道路上一帆风顺，前程似锦。

让我们的友情像这杯酒一样，越陈越香。

23.杯酒敬良朋，愿君远航风顺心。无语凝噎唯此事，别后难相逢。

24.岁月悠悠，友情长存。与您共饮千杯，愿您的酒量如海深，情感如酒浓。

祝酒友千杯不倒，笑看风云，尽享人生。

25.酒逢知己千杯少，今日相聚倍觉亲。

感谢有你们一路相伴，分享喜怒哀乐。

在这特殊的时刻，我举起手中的酒杯，祝愿我们的友谊天长地久，生活更加精彩！

26.亲爱的老朋友，好久不见，甚是想念。

今日相聚，共饮美酒，愿这份深情如酒般醇厚，如岁月般悠长。

祝福您在未来的日子里，事事顺心，万事如意！

27.岁月如歌，友情如酒。

愿我们的友谊历久弥新，岁月长流不息。

举杯共饮，祝福你我，前程似锦，万事胜意。

28.一壶浊酒喜相逢，酒友情深意更浓。

今朝共饮庆佳节，明日再聚话旧梦。

愿我们友谊永存心间，共同走过人生的每一个美好瞬间。

29.您的到来让我们的家感到格外温馨，非常感谢您从那么远的地方赶来。

我提议敬您一杯酒，以表达我们全家人对您的感激之情。

祝您在这里过得愉快，享受到我们最真挚的款待。

30.在这个美好的时刻，我要向远道而来的朋友们表示最热烈的欢迎。

你们的到来为我们的聚会增添了更多的色彩。

让我们共同为友谊干杯，为欢笑干杯。

31.非常感谢您从远方赶来。

您的到来使这个聚会更加有意义。

我谨代表我的家人向您敬一杯酒。

希望您能感受到我们全家的热情和好客。

祝您在这里度过一段美好的时光。

32.我想再次向各位远道而来的朋友表达最真挚的感谢和欢迎。

希望你们在这里度过一段美好的时光，并留下难忘的回忆。

在此，我提议为大家干杯，共同祝愿这个美好的时刻永存于我们的心间。

33.各位亲爱的朋友，感谢你们不远万里来到这里，与我们一起分享这美好的时光。

让我们举杯祝酒，为远方客人的到来和永久的友谊祝福！

34. 尊敬的各位来宾，远方的客人，我们今天的聚会是如此的荣幸和美好。

感谢你们的到来，为这个时刻增添了更多的光彩。

35. 欢迎各位远道而来的朋友。

在此衷心感谢你们抽出宝贵的时间造访我们的美丽城市。

愿你们在这里度过一段愉快的时光，畅享我们独特的文化和美食。

这样迎接客户，没有谈不成的生意

1. 欢迎各位尊贵客人的光临，感谢你们一直以来的支持与信任。

在未来的日子里，我们将继续携手前行，共创辉煌。

为我们的友谊和合作，干杯！

2. 欢迎远道而来，一路辛苦了。请允许我敬您一杯，以表达我深深的敬意和热烈的欢迎。

希望您的这次来访，能为您带来美好的回忆和愉快的体验。

3. 岁月悠悠，情谊绵长。今日有幸接待诸位，倍感荣幸。

愿此间欢声笑语不断，友情深厚如初，共享此刻美好时光。

敬各位一杯，祝大家事业有成，家庭幸福！

4.＿＿总，感谢您的大驾光临，今天和您交流真是让我长见识啊！

您管理公司的经验可是比我丰富得多，以后还请您对我和公司多加指点与照顾，为了我们的合作顺利开展，我先敬您一杯，祝愿我们今后合作愉快。

5.欢迎各位客户的到来，您的光临让我们感到万分的荣幸。

感谢你们一直以来对我们的支持和厚爱，我们将继续为你们提供最优质的服务。

让我们一起为这个美好的合作干杯，共祝今后的合作更加紧密、更加愉快！

6.欢迎各位来到这里，让我们共同举杯，为美好的未来和真挚的友谊干杯！

愿我们的情谊如同这杯美酒，越陈越香。

7.欢迎各位来到我们＿＿＿，愿这杯美酒带给大家无尽的欢乐与温馨。

让我们共同举杯，为美好的未来干杯！

8.欢迎各位远道而来，如同春风拂面，带来温暖与希望。

在此，我衷心祝愿大家，在新的一年里事业有成，家庭幸福，身体健康，万事如意。

9.感谢各位光临今天的宴会，我很高兴能够与大家共聚一堂。

我特别邀请大家品尝我们今晚的美酒佳肴，希望大家能够尽情享用。

祝大家身体健康，事业有成。

同时也希望今晚的宴会能够让我们更加亲近。

我提议为大家干杯，祝愿我们在未来的日子里共同创造更美好的明天！

10.欢迎各位客户的光临，您的到来让我们倍感荣幸。

感谢您对我们的支持和信任，让我们一起为长久的合作和未来的美好前景干杯。

11.欢迎您的到来，这杯酒代表我对您深深的敬意。

希望您在这里度过一段愉快的时光。

12.欢迎各位来到这里，让我们共同度过这段欢乐和美好的时光。

我要感谢每一位客人的到来，为我们的友谊和美好的未来干杯！

祝愿每位来宾满载而归，幸福快乐！

13.各位客户的到来，让我们感到无比的喜悦和欢迎。

感谢你们对我们的信任和支持，也祝愿各位在这个美好的时刻收获满满。

让我们一起为彼此的未来干杯。

14.醇香的酒，悦耳的笑声，热烈的欢迎，最美好的祝福，只为迎接每一位尊贵的宾客。

15.各位朋友，感谢你们的光临。今天，我们在这里相聚，不仅仅是为了庆祝我们公司/组织的成功，更是为了我们的友谊和合作。

在此，我要向大家敬一杯酒，祝愿我们共同进步，共同成功！

16.远道而来，我们一起欢畅；举杯同醉，我们一起沉醉；你我结缘，我们一起结缘。

17.亲爱的客人们，感谢大家能够出席今天的晚宴。

我代表全体员工，向各位敬上一杯酒，祝愿大家身体健康，事业蒸蒸日上。

18.尊敬的客人们，非常荣幸能够在这个特殊的日子里与各位共聚一堂。

在这里，我代表全体员工向各位致以最诚挚的敬意和感谢，祝愿大家幸福安康，事业顺利。

领导莅临这样说，一开口就留下好印象

1.尊敬的领导，欢迎您。

您的到来如同春风拂面，带来无尽的希望与活力。

愿您在新的岗位上再创辉煌，带领我们走向更美好的明天。

2.欢迎领导光临，承蒙厚爱，深感荣幸。

愿您在新的岗位上如龙腾飞，引领团队共创佳绩。

祝您工作顺利，身体健康，家庭幸福！

3.尊敬的各位同事，今天我们有幸在这个大家庭中迎接新的领导者。

我提议大家共同举杯，为这位新任领导者的到来表示热烈的欢迎。

4.领导您好，祝春风满面笑开颜，事业有成步步高，前程似锦更辉煌。

欢迎您的到来，愿您在这里收获满满，我们一起加油向前冲！

5.欢迎各位领导莅临指导！

在此，我代表全体员工对您的到来表示热烈的欢迎。

您的领导和决策是我们前进的动力，感谢您带领我们走向更美好的未来。

为您接风，干杯！

6.非常感谢领导莅临我们的活动，您的支持和鼓励是我们前进的动力。

在这里，我代表全体人员向您敬一杯酒，愿领导的事业蒸蒸日上，生活幸福美满！

7.感谢领导的悉心指导与关怀，今日有幸同您举杯共庆，倍感荣幸。

祝愿您事业蒸蒸日上，身体健康，家庭幸福！

让我们一起为美好的未来干杯！

8.今天很荣幸能和领导一起吃饭，我敬领导一杯。

希望领导工作顺利，身体健康！

9.感谢各位领导来到＿＿＿＿＿，为我们增辉添彩。

在这里祝各位领导平步青云，步步高升。

10.看您管理一方，日夜操劳，小小心愿，只为平安。

给您端个运气酒，愿您年年交好运，天天交好运，分分秒秒交好运。

11. 您每天殚精竭虑，为了群众那么辛苦，在此敬您一杯酒，您辛苦了。

祝愿您在以后的道路上能够平步青云，步步高升。

12. 领导领导，日夜操劳，借酒祝您步步高升。

13. 欢迎领导莅临_____，在这欢聚一堂的时刻，我用这杯酒向领导表达最诚挚的敬意。

14. 让我们共同举杯，为领导的到来干杯！

愿您的光临能为我们带来新的启示和动力，引领我们不断前行。

在未来的日子里，我定会不负领导的期望，努力工作，为公司的发展贡献自己的力量。

15. 领导喝了这杯酒，准会人旺、家旺、官运旺。

16. 在这个特别的时刻，我想对领导表达最真挚的感激之情。

感谢您给予我们的信任、支持和关爱，让我们有机会共同谱写美好的未来。

让我们一起举杯祝酒，为领导和公司的辉煌前景干杯！

17. 非常感谢领导在工作中给予我们的信任和支持，让我们有机会为公司的发展贡献自己的力量。

让我们再次举杯祝酒，为领导和公司的美好明天干杯！

18. 非常荣幸能够在这里欢迎各位领导的光临。

让我们共同举杯，向各位领导致以最崇高的敬意和最美好的祝福。

愿各位领导身体健康，事业顺利。

愿我们的合作更加紧密，共同开创更加美好的未来！

19. 尊敬的领导，您的到来不仅是对我们工作的极大肯定，更是对我们未来发展的有力支持。

我提议大家共同举杯，向各位领导表示最热烈的欢迎和最衷心的感谢。

20. 欢迎领导光临，我们深感荣幸。

愿领导身体健康，事业顺利，家庭幸福！

也愿我们的团队在领导的带领下，不断壮大，不断进步，为实现共同的目标而努力奋斗！

21. 在这个欢聚的时刻，我提议大家共同举杯，对领导的莅临表示热烈的欢迎。

愿我们的合作更加紧密，愿公司的事业蒸蒸日上。

愿领导的指导与关怀，如同这杯美酒，滋润我们的心田，引领我们走向更加辉煌的明天。

22. 尊敬的领导，您的到来犹如春风拂面，为这场聚会增添了无尽的喜悦与温暖。

在此，我谨代表全体员工，向您表达最热烈的欢迎和最诚挚的感谢。

让我们共同举杯，对领导的光临表示最崇高的敬意。

23. 尊敬的领导，欢迎您的到来。

您的莅临，让我们倍感荣幸。

这杯酒，不仅是对您的敬意，更是对您辛勤付出的感谢。

我们期待着在您的引领下，在未来的日子里，共创美好未来。

24. 我很荣幸能够参加今天的聚会。

与各位领导这么近距离的交流机会对我来说真的很难得。

在座的各位领导，咱不说是废寝忘食，也是朝九晚五一心一意扑在工作上，我深感佩服的同时也心生感激。

感激各位领导能在百忙之中抽出时间关心我们的工作，安排这样一个难得的交流会。

晚辈在此以酒为敬，谢谢各位领导。

25. 今天领导能抽出宝贵的时间前来赏光，我倍感荣幸。

为了领导的光临，我们一起敬领导一杯吧。

26. 领导，我必须好好敬您一杯,感谢领导的信任和栽培。

最近您辛苦了，能跟着您做事，实在是我的荣幸。

您放心，我以后肯定加倍努力，绝对不辜负您对我的期望。

27.在此欢聚一堂的美好时刻，我很荣幸能够代表团队，向各位领导敬上一杯热忱的酒。

这杯酒，不仅仅是对各位领导莅临＿＿＿＿的感激，更是对领导们辛勤付出的敬意。

在此，我衷心祝愿各位领导身体健康，事业蒸蒸日上，家庭幸福美满。

28.今天很荣幸能和领导一起吃饭，我敬领导一杯。
希望领导工作顺利，身体健康！

29.我敬领导一杯，感谢领导平时对我的关照。先干为敬！

30.谢谢领导这次给我这个机会，我一定会好好把握的。
请领导放心，我一定会好好工作，绝对不辜负领导对我的期望。

31.感谢领导在百忙之中抽出时间，亲自莅临现场进行检查和指导。

您的到来是对我们工作的肯定，更是对我们团队的鞭策与鼓舞。

我谨代表全体员工，敬您一杯，向您表示最诚挚的欢迎和衷心的感谢。

32. 领导，我敬您一杯。

感谢这段时间以来您对我的悉心培养，我跟您学会了很多东西。

这份恩情我不会忘记的，来年我一定跟着您好好干。

感恩的话都在酒里，我干了。

您就少喝点，后面还有不少人要敬您呢。

以后，我们还等着您带我们干大事。

33. 很荣幸跟_____总一起吃饭。

自从来到咱们部门之后感觉自己进步特别大。

相信在_____总的带领下，咱们部门一定会越做越好。

34. 此时此刻，我怀着一颗感恩的心，向莅临_____的领导们敬上一杯酒。

感谢领导们一直以来对我们的关心与支持。

正是有了你们的悉心指导和无私帮助，我们才能够不断成长，不断进步。

愿我们的团队在领导的带领下，能够创造更加辉煌的业绩。

35. 领导们莅临此次活动，是对我们工作的莫大支持与鼓励。

我们深感荣幸，同时也倍感责任重大。

在此，我代表全体员工，向各位领导表示热烈的欢迎和衷心的感谢。

感谢领导们的悉心指导，我们将不负众望，继续努力。

让我们共同举杯，为领导的莅临，为美好的未来，干杯！

第二章

团建篇

领导敬得好，升职没烦恼

1.不服天，不服地，就服老总的能力；

不服山，不服水，就服老总这聪明。

人品好，长得帅，走到哪里都有人爱。

2.若无百年XX坊，人间何处觅琼浆。欢迎XX坊李总，人间有趣，因为有您。

3.火车跑得快，全凭车头带。

最好的生活方式是和一群志同道合的人一起奔跑在理想的路上，低头有坚定的脚步，回头有一路的故事，抬头有清晰的远方。

让我们成群结队，快乐加倍。

4.船停在码头上是最安全的，但这不是造船的目的；

人待在家里是最舒服的，但这不是人生的意义。

人生的意义是珍惜当下的生活，和志同道合的人奔赴理想。

一朵鲜花不能打扮美丽的春天，只有一群人才能移山填海。

让我们青春不负自己，时光不负努力。

5.恭喜领导荣升一把手，感谢您平时的关照和指导，希望在今后的日子里，我们能继续携手前行，共同成长。

新的起点，新的征程，愿您所走的路繁花盛开，"人生鼎沸"。

愿您的事业更加辉煌，生活更加美好。

6.尊敬的领导，在这欢聚一堂的时刻，向您致以最深的敬意和最诚挚的祝愿。

祝您酒量如海深，事业步步高升；酒味似人生，生活甜甜蜜蜜。

愿您常饮此酒，健康长寿，快乐无边。

愿您事业蒸蒸日上，生活幸福美满。

让我们共同举杯，为美好的未来干杯！

7.领导，与您共饮此杯，感恩有您的引领与支持。

感谢领导的信任与支持，承蒙关照，深感荣幸。

值此佳节之际，祝愿领导事业兴旺发达，步步高升，干杯！

8.亲爱的领导，您的无私奉献和精心指导让我们取得了许多成就，您的领导力、决策能力和协调能力让我们感到无比钦佩，您的能力、才情和经验给我们带来了无限的启迪和收获。

我代表大家向您敬一杯酒，感谢您一直以来的付出，希望我们继续在您的带领下取得更好的成绩。

9. 领导好，我是_____，今天很荣幸能和领导一起吃饭。

我敬领导一杯，希望领导工作顺利，身体健康！

以后还请领导多多指教，这杯我先干了。

10. 领导您是事业正当时，身体壮如虎，春风更得意，好事非你莫属。

酒满敬人，酒满为敬。

酒杯是圆的，酒是满的，我祝愿您今后的事业圆圆满满，您请。

感恩的心都在酒里了，这杯我敬您，也祝我们合作愉快。

11. 这么多年了，感谢领导对我的悉心栽培，没有伯乐，我永远都不会是千里马。

您昨日的呵护成就了今天的我，感谢您！

领导，这杯我替您喝，您可是我们的顶梁柱啊，要保重身体。

12. 千里之行，积于跬步；万里之船，成于罗盘。

感谢领导们平日的指点，才有我今天的成就。

祝各位领导也是长辈，事业亨通，身体健康，家庭幸福，万事如意！

13. 每一次的信任都是一份感动，感谢各位领导的厚爱，一次又一次地给我机会，今天我特意来向各位领导敬个祝福酒，祝各位的生活越过越幸福。

14. 领导上班很辛苦，喝杯美酒补一补；领导上班很疲惫，喝杯美酒不会醉。

美酒斟进小酒杯，送到面前您莫推。今天很荣幸认识您，这一杯我敬您，还望以后多多关照。

听您一席话，胜读十年书，我再敬您一杯，感谢您让我受益匪浅。

15. 各位领导晚上好，今天特意来给大家敬杯酒，佳肴美酒玻璃杯，祝您事业更光辉。

祝您：天天好心情，日日好运到。

喝完我们的酒，想啥就来啥。

祝各位领导用餐愉快。

16. 问好归问好，三杯美酒少不了，喝了这杯酒，幸福永安康。

希望您该吃吃，该喝喝，啥事别往心里搁，希望您人旺、家旺、事业旺！

17. 老家有句话说得好：

烧香不能漏神，敬酒不能漏人，所以您在中间坐，美酒也得喝一个。

喝酒不是目的，高兴才是心意。鱼眼放光，两边沾光，

两边的领导，我也给您添点酒，左右逢源，才能两全其美。

18. 领导，有了您的带领和引导，我们才有了今天的幸福生活，在此给您倒杯酒，向您道一声谢谢，您辛苦了。

多谢领导这次给我这个机会，我必须好好把握。

请领导放心，我会好好工作，绝对不辜负您对我的期望。

19. 领导，您一直是我们学习的榜样和引路人。

感谢您给予我们的信任和支持，让我们有机会在工作中展现自己的才华和能力。

我想向您敬一杯酒，感谢您给予我们成长的机会和关爱。

希望能与您一同携手，创造更美好的明天。

20._____领导，公司在您的带领下发生了翻天覆地的变化，主要还是因为您的优秀指导。

我加入公司之后，得到了您不少的指导，也有了很多锻炼的机会，非常感谢！

我非常荣幸能够加入您的麾下，遇到了您，这杯酒敬您！

21. 有缘千里来相会，无缘对面难相识。

今天能够认识_____总，就是一种缘分。为了今天的这缘分，

_____总，我敬您一杯，祝您事业越来越红火。

这样敬同事，小酒越喝越开心

1. 人在一起是聚会，心在一起是团队。

昨日峥嵘岁月，大家并肩作战；

今日星河灿烂，大家欢聚一堂；

明日长路漫漫，大家不惧艰难，前途远大。

2. 在这个温馨的团队里，我感受到了家一般的温暖。

每个人都互相关心，互相帮助，共同成长。

在此，我敬团队一杯，愿我们的友谊长存，共同书写美好的人生篇章！

3. 一花独放不是春，百花齐放才能春满园。

一群人，一条路，一起成长，一起奋斗。

心怀感恩，未来可期。

4. 走一步有一步的风景，进一步有一步的欢喜，每一次团建都是点亮幸福的光。

我们一起疯，一起闹，一起笑，保持浪漫和热爱，未来必定是星辰大海。

希望世间所有的美好，都与大家环环相扣。

5.一朝共事，一生为友。

昔日工友来相聚，见面感情分外亲，趣谈往事论今日，欢声笑语满堂飞。

因缘相聚，为梦同行。

6.别灰心，我们不可能什么都没有；也别贪心，我们不可能什么都有。

回头看，轻舟已过万重山；向前看，前路漫漫亦灿灿。

雨再大，润不了无根之草；天再公，助不了自弃之人。

在心里种花，人生才不会荒芜。一起加油。

7.人在一起是聚会，心在一起才是团队。热烈欢迎刘总公司团建选择日照味道。

我们每个人都是一道光，聚是一团火，散也是满天星。

所以我坚信，山有路可行，海有舟可渡。让我们跨山越海，一起加油。

8.我要向每一位同事表达我的赞赏之情。我们每个人都是这个团队不可或缺的一员。

正是大家的共同努力和协作，才使得我们能够在激烈的竞争中脱颖而出。

在此，我敬同事们一杯，愿我们继续携手前行，共创美好未来！

9.用汗水浇灌希望，用努力铸就辉煌。

未来的旅程，大家一起携手前行，不畏风雨，勇往直前，开启属于你们的精彩故事！

10.江山不老各风流，弹指一挥二十秋。同事二十年，珍惜每一刻！

只有经历了春天，才能领略到百花的芳香；只有体验了同事的情谊，才能懂得生活的美妙。

岁月无情，容颜已变，但是大家的情谊不会改变！

愿我们的友谊天长地久！

11.独脚难行，孤掌难鸣。五人团结一只虎，十人团结一条龙。

团结就是力量，团建才是动力。只有成群结队，才能快乐加倍。

12.大家工作都辛苦了，难得在一起聚餐，今天都放松一点儿，我先干了这杯酒。

让我们碰碰杯，过过电，联络联络感情线，轻轻松松把钱赚。

祝愿大家今后生活越来越好，扶摇直上九万里，事业长虹节节高。

13.转眼间咱们一起工作_____年多了，无论是工作中还是生活中，大家对我照顾有加。

我一直想找个机会感谢一下大家，今天大家能来参加饭

局，我非常地开心，

借此机会，我敬大家一杯，祝大家工作顺心，生活舒心。

14.作为新员工，非常荣幸能够加入咱们_____公司这个大家庭。

感谢大家给我这个机会！

虽然在一起的时间不是很长，但我已经深深感受到了咱们这个集体的氛围和热情。

大家在平日里对我都十分照顾，我以后一定会继续努力！

再次谢谢大家！

15.过去这段时间，很荣幸和大家一起共事。

大家一直都在帮助我，给我很多的学习机会和成长机会，我不胜酒力，在这里敬大家一杯。让我们携手为_____

_____公司的未来共同努力，

为各位的幸福生活一起努力奋斗！

16.真心感谢所有领导和同事，很荣幸能和这样一群热爱生活、热爱工作的领导和同事们，一起成长，一起拼搏，一起努力！

衷心祝愿这次聚会，能让我们的心更加紧密地联系在一起，加强沟通，加强联系，互相帮助，互相鼓励，共同进步！

会说话的领导让员工充满干劲儿

1.各位同仁，感谢大家在过去一年的辛勤付出和无私奉献。

今晚，我们共聚一堂，庆祝公司取得的每一个成就。

我代表公司领导层，向大家敬一杯酒。

让我们携手并进，共创更加辉煌的未来！干杯！

2.各位同仁，感谢你们一年来的辛勤工作和无私奉献。

今晚，在这个欢乐的时刻，我代表公司领导层，向大家表示衷心的感谢和崇高的敬意。

让我们共同举杯，为公司的繁荣发展，为我们的团结协作，也为每位员工的幸福安康，干杯！

希望大家在新的一年里，再接再厉，共创更加美好的明天！

3.各位同仁，今晚，我代表公司领导层，向大家表示衷心的感谢和崇高的敬意。

你们的努力和付出，是公司取得今天成绩的重要基石。

让我们共同举杯，为了公司的美好未来，为了我们团队的团结和协作，干杯！

希望大家在新的一年里，继续发扬团结协作、勤奋进取的精神，为公司的发展贡献更多的力量。

4.各位同仁，今日齐聚一堂，共襄盛举。

在此，我代表单位向大家致以最热烈的欢迎和最诚挚的感谢！

我们身处一个充满挑战和机遇的时代，每一次团建都是为了凝聚力量，激发潜能。

愿我们同心协力，共同创造更加辉煌的未来！

举杯共饮，为我们的团结、奋进、成功而干杯。

5.在这个美好的时刻，我们聚集在一起，不仅是享受美食，更是共享我们的友情和团队精神。

我想用这杯酒，向每一个在座的同事表达我深深的敬意和感谢。

6.每一天，我们都在一起面对工作的挑战，一起分享胜利的喜悦，一起承担困难的压力。

每一个同事的努力和付出，都为我们的团队增添了无比的力量。

你们的才华、热情和专业，让我深感骄傲，很荣幸与你们一同工作。

7.这杯酒，是对我们共同度过的每一天的致敬，是对我们共同努力的肯定，也是对我们未来充满希望的期待。

让我们举杯，为我们的团队精神干杯，为我们的友谊干杯，为我们的成就干杯，也为我们的未来干杯。

8.愿我们的团队越来越强大，愿我们的合作越来越默契，愿我们的事业越来越成功。

让我们携手并进，共创辉煌的明天。干杯！

9.在这辞旧迎新之时，我们又欢聚一堂。

我首先代表公司的经营团队向在座的每一位付出辛勤劳动的同事表示衷心的感谢！非常感谢大家这一年来的努力。

10.成绩只代表过去，我们必须以更新的面貌、更勤奋的努力、更好的业绩去迎接新的一年。相信我们一定能够同心协力，再立新功。最后，我再次向在座的各位表示衷心的祝愿：祝愿你们以及你们的家人在新的一年里身体安康，工作顺利，合家欢乐！让我们举起酒杯，共饮一杯欢庆的美酒吧！谢谢大家！

11.我们已经整装待发，在搏击中不失谨慎。

如果勇猛离开了谨慎，就变成了鲁莽，而没了勇猛，就变成了胆怯。

希望我们在新的一年里，在商海中勇猛而不失谨慎，扬起斗志，抓住机遇，抢占市场的最高点。

12.我代表公司、代表我们分店向在座的每一位一线辛勤奋战的同事表示衷心的感谢！正是因为有了你们的辛勤付出，才换取了我们这一欢乐时刻！

正是有了你们勤劳的耕耘，才让公司和我们取得今天飞跃的进步！

13.今晚，很荣幸地邀请到在深圳工作的全体员工在这清雅怡人的西丽湖畔，欢聚一堂，共叙往事今情。

我代表公司欢迎各位的到来，祝大家身体健康，万事如意，家庭幸福！

14.岁月不居，天道酬勤。在过去的一年里，泾中人齐心协力，奋发图强，众志成城，锐意进取，生活中幸福安康，其乐融融；工作上兢兢业业，任劳任怨。我们用朴实的汗水，换来了丰硕的收获！

15.今天，我们相聚在此时此地，让我们忘记身上的职位和光环，让我们抛开人生的成败和尊卑，静静地坐在一起，一如我们的当年。让我们频频举杯，畅饮友情的美酒，辣在嘴中，暖在心里；让我们紧紧相拥，倾诉离别的愁绪，感动在今晚，回忆在明朝。

16.庆祝明天的胜利，我们再相逢！

这杯酒，是祝福的酒，祝福大家身体健康，家庭幸福，万事如意，大展宏图！

这杯酒，是祝愿的酒，祝愿在未来的合作中，我们的友情更深、心情更好、生意更旺！

这杯酒，是壮行的酒，未来的征程中，充满着坎坷和艰辛，让我们手挽着手，心连着心，踏着泥泞的路，迎着朝阳，朝着更高、更远的目标前进！干杯！！

17. 同志们：

风雨感时，犹恋千般情节；

岁月做证，当歌百味人生。

新的一年，

让我们互勉一句：生命不息，奋斗不止。

让我们互祝一句：合家欢乐，万事如意。

工作再接再厉，再创佳绩。

身心长健长怡，祥和长在。

生活有滋有味，共享天伦。

18. 过去的一年，公司取得了一定的进步，但我们不敢谈什么成功，更不能骄傲，因为我们需要进一步做稳、做强、做大。同时，我深知这些进步的取得，离不开忠心耿耿、以厂为家的中高层管理的智慧，更离不开全体同仁的辛勤劳动。在这里，我想借这个场合、这杯酒向各位致以真诚的感谢。

19. 这杯酒是感谢的酒，感谢各位多年来对公司的关怀厚爱、鼎力支持！这杯酒，是喜庆的酒，庆祝今天的合作成功，分享收获的喜悦。

20. 非常感谢每一位同事的辛勤付出和无私奉献，是你们的努力和才智，铸就了我们今天的团队。在此，我敬大家

一杯，祝福我们每个人都能在未来的日子里实现自己的梦想和价值！

21.今天是我们部门的团结日，大家欢聚一堂，共同庆祝这个美好的时刻。

在此，我要向大家敬一杯酒，祝愿我们的团队越来越强大，越来越和谐，业绩蒸蒸日上。

22.各位同事，今天我们欢聚一堂，共同庆祝我们团队的成就。

让我们一起举杯，祝福我们的团队在未来的日子里更加繁荣昌盛，再创佳绩！

23.举杯同庆，为我们的团队聚餐带来美好的开始。

希望在接下来的时间里，大家能够畅所欲言，互相学习，共同进步。

愿我们的团队能够凝聚力量，携手走向更加美好的未来！

24.在这里，我要向每一位员工表示由衷的敬意和感谢。

是你们的拼搏和协作，让我们的团队取得了今天的成就。

让我们再次举杯，祝福我们的团队在未来的日子里越来越强大，超越自我，再创新高！

25.今天，我们不仅是为了庆祝团队的辉煌，更是为了期待未来更美好的明天。

让我们共同举杯，祝福我们的团队在接下来的日子里取得更加辉煌的成就，每位员工都能在自己的岗位上发光发热，前程似锦！

26.我们的团队就像一艘大船，每个人都是舵手，都是船员。

让我们共同驾驶这艘大船，迎接未来的挑战。

在此，我祝福我们的团队在未来的日子里能够一往无前，每位员工都能实现自己的职业目标，共享成功的喜悦！

27.风雨同舟，共铸辉煌。举杯邀明月，对影成三人。

愿我们的团队像这酒一样，越陈越香。

28.员工们，你们辛苦了！感谢有你们一路相伴，共同奋斗。

在未来的日子里，愿我们团队更加团结，业绩蒸蒸日上。祝大家身体健康，万事如意！

29.感谢有你们一路同行，共同见证公司的成长与辉煌。

愿我们的团队更加团结，事业蒸蒸日上。

在这欢聚一堂的时刻，祝愿大家身体健康，万事如意！

30.龙腾四海庆新岁，同舟共济展宏图。

值此佳节之际，祝愿公司如龙腾飞，事业兴旺发达；

员工们如龙般勇往直前，创造更多辉煌。

31.感谢每一位同仁的努力与付出，愿我们团队凝聚力更强，业绩更上一层楼。

在接下来的日子里，一起创造更多的辉煌！

第三章

商务活动篇

公司年会懂捧场，让你收获好人缘

1.感谢大家一直以来对我的支持、信任和包容。在过去的一年里，我们并肩作战、勇往直前。希望来年我们能够上下一心，共创辉煌。

2.喜悦伴随汗水，成功伴随艰辛。

我们不知不觉走进了＿＿＿＿年的尾声。

回望今年，尽管曲折，但公司仍站到了更高的平台上。

我相信＿＿＿＿年公司一定会更加强盛。

3.雄关漫道真如铁，而今迈步从头越。

让我们以自强不息的精神、团结拼搏的斗志，去创造新的辉煌业绩。

新的一年，让我们携起手来，去创造美好的未来!

4.刚刚过去的一年，广大员工团结奋进，埋头苦干，各个部门都取得了辉煌的成就。

这得益于我们有一支尽心竭力、兢兢业业的团队。

5.新的一年是充满机遇和挑战的一年，在千帆竞发、百舸争流的市场大潮中，我们公司同样面临着诸多机遇和挑战，希望大家能够再接再厉，团结一致。

6._____年，公司的发展速度要超越_____年，效益要超越_____年。

实现这个目标，需要我们所有人的努力。

公司会尽力为大家提供完善的条件，让大家发挥更大的才能。

7.同事们，感谢你们在过去的一年里与我并肩作战，共同创造了公司的辉煌。

在新的一年里，祝愿公司业务蓬勃发展，团队凝聚力更强，让我们一起迈向更大的成功！干杯！

8.岁月悠悠，感恩有您相伴。

过去一年承蒙关照，新的一年愿我们携手同行，共创辉煌。

祝公司业绩蒸蒸日上，员工幸福安康，合作伙伴财源广进。

9.年夜饭聚首，举杯同庆。

感谢有你们一路同行，共同见证公司的成长与辉煌。

新的一年，祝愿我们的团队更加强大，业绩更加出色！干杯！

10.年夜饭聚会，举杯来同庆。

在新的一年里愿公司如龙腾飞，业绩蒸蒸日上；

员工们如龙行天下，步步高升。干杯！

11.金龙报喜迎新春，举杯共饮庆团圆。

感谢大家一年来的辛勤付出和共同努力，让我们一起为公司的明天干杯！

祝大家新年快乐，事业有成，家庭幸福！

12.今天，我们相聚在这辞旧迎新的美好时刻，畅所欲言，为公司波澜壮阔的发展事业建言献策。

我心潮澎湃，百感交集。

干了这杯酒，让我们在新的一年里再接再厉，再创佳绩，再上台阶，再谱新篇。

我相信，公司的史册将记载我们的宣言，公司的丰碑将铭刻我们的烙印。

工作会议聚餐时，这样举杯都爱听

1.这次会议回顾总结了去年的各项工作，深入分析了当前形势，全面部署了今年的工作安排，同时也为我们的工作提供了一个互相学习、交流经验、取长补短、共同进步的平台。

2.我们将珍惜这次难得的机会，认真学习兄弟公司的好做法、好经验，努力开创_____工作的新局面，绝不辜负总公司领导和兄弟公司同仁们的期望。

3. 我们的发展和进步，离不开在座的领导和同仁们的大力支持和关心。我们衷心地希望各位能经常来走一走、看一看，加深感情，增进交流，携手共进。

4. 希望大家按照这次会议的部署，结合自身实际，认真学习先进经验和做法，创造性地开展工作，确保圆满地完成各项工作任务。

5. 过去一年里，_____工作取得了一定的成绩，这些是我们大家共同努力的结果。但我们在看到成绩的同时，也要清醒地看到自身的不足，及时改进，不断提高。

6. 使命在肩，催人奋进，让我们团结一心，开拓进取，求真务实，勤奋工作，为_____的美好明天而不懈努力。

涉外宴请要优雅，构建人生黄金圈

1. 中国有句古话："有朋自远方来，不亦乐乎？"
正是各位的莅临，让我们的晚宴现场蓬荜生辉。
愿我们的友谊如同美酒，越品越香醇，越陈越浓厚。
我也要感谢各位国际友人在各自的领域里所做出的杰出贡献，
正是有了你们的智慧和努力，才使得世界变得更加美好。
希望在今后的日子里，我们能够携手共进，共同开创更加美好的未来。

2.在今晚这场晚宴上，我很荣幸能与各位外宾共聚一堂。
此刻，我举杯向各位表示最热烈的欢迎和最诚挚的感谢。
感谢各位远道而来，为我们的交流与合作搭建起这座友谊的桥梁。
愿今晚的宴会成为我们增进友谊、加深了解的契机，
也愿我们的合作在未来能够结出更加丰硕的果实。
让我们共同举杯，为这美好的时刻，为未来的合作与发展，干杯！

3.尊敬的各位外宾，今晚我们欢聚一堂，共同庆祝这一特殊的时刻。
在此，我代表主办方，向远道而来的各位朋友表示热烈的欢迎和衷心的感谢。
感谢你们在百忙之中抽出宝贵时间，参加我们的宴会。
今夜星光璀璨，美酒佳肴，正是我们畅谈友谊、共话未来的好时光。
让我们举杯同庆，祝愿我们的友谊天长地久，祝愿我们的合作更加紧密，共创美好未来！

第四章

聚会篇

学会万能金句，让你好友力爆棚

1.酒半杯，情满怀，留点空间给未来。俗话说，花开灿烂靠阳光，人生幸福靠健康。我祝大家健康不停步，好运常相伴。干杯！

2.虽然我的酒没有倒满，没满美满，幸福美满。

今天晚上喝一杯顺心酒，天顺万物生，地顺五谷丰，人顺百业兴。

我祝大家家顺人顺万事顺，福来财来平安来。干杯！

3.都说我擅长喝酒，其实我更擅长喝茶。一杯茶水代替酒，生活越过越富有，只要感情到了位，喝杯茶水也陶醉。

祝我们眼里有光，心中有爱，一路春暖花开，好运连连。

4.人生不求财富满地，但求健康四季。没病没灾就是幸运，丰衣足食就是幸福。我祝大家一没病，二没灾，小小日子优哉悠哉！

5.念念不忘，必有回响。

我们太多人为了梦想去拼搏、去奋斗，其实人生最简单的幸福只是灯火阑珊的温暖，还有柴米油盐的充实。

不管你挣多挣少，经历的事情是好是坏，只要您和您的家人，身体是健康的，我觉得这就是最好的，也是最幸福的。

6.让我们碰碰杯、过过电，联络联络感情线，轻轻松松把钱赚。

祝大家扶摇直上九万里，事业长虹节节高。

7.愿我们厨房有烟火，客厅有欢乐，卧室有拥抱，余生更精彩！

8.祝愿大家多赚钱，少生气，心想事成，万事如意！干杯！

9.东北虎、西北狼，喝不过山东的女汉子。喝酒要喝好，才能招财又进宝。

10.春风有信，花开有期，一切美好都在路上。

愿我们每一秒都欢天喜地，每一分都充满活力，每一天都得心应手，每一月都事事顺利，岁岁年年，幸福安康。

11.周四到了，周末就不远了，该来的一切美好都在路上。

有一种感情叫天长地久，有一种掌声叫现场就有。

天有好心情，艳阳照晴空。

人有好心情，家和万事兴。

12. 蓝天碧海金沙滩，来日照味道吃海鲜。

俗话说，握一百次手，不如喝一杯酒。

多变的是天气，不变的是友情。

祝大家工作顺生活甜，快乐幸福每一天。

13. 美好的周日充满阳光，幸福的生活让你健康。

愿我们心花随春绽放，永远幸福安康。

14. 上午阳光明媚，祝大家薪水翻倍；晚上小风美好，祝我们青春不老。

15. 百礼之首就是酒，喝杯顺心酒，好运跟你走。

祝大家生活顺心又顺意，日子过得甜蜜蜜。

16. 新的一月好开头，我的祝福来起头，愿大家好运连连在心头，

身体安康在前头，步步高升好彩头，红运当头好兆头，福运绵绵无尽头。

17. 春有百花秋有月，夏有凉风冬有雪。若无烦事挂心头，便是人间好时节。

凡事看得开，生活才够嗨。让我们嗨起来，干杯。

18. 一杯美酒入我喉，笑看人间苦与愁。苦茶浊酒常相伴，不惧岁月染白头。让我们不念过去，不惧将来，活在当下。

19.莫怪世人偏爱酒,醉后飘然天上游。寻尽千般皆无效,
唯有一醉解千愁。干杯!

20.人生得意须尽欢,莫使金樽空对月。烹羊宰牛且为乐,
会须一饮三百杯。

让我们白天有说有笑,晚上回去睡个好觉。

21.人生如梦,难得一碰。

今日酒今日醉,兔年过得不疲惫。

希望大家卡里不缺钱,晚上不失眠,

把所有的鸡毛蒜皮都过成风和日丽。干杯!

22.只要感情好,不管喝多少;只要感情有,喝啥都是酒。
祝我们平平安安,健健康康。干杯!

23.感谢大家对日照味道的支持,那我就把感恩倒进酒杯,

把你们放在心上,把激情燃烧的岁月灌进喉咙里,

将所有的一言难尽一饮而尽!

24.愿您天天好运到,日日福星照。幸福藏心头,万事
不用愁。干杯!

25.一杯美酒祝福一下:

一祝家祥和,二祝身健康,

三祝事成功，四祝钱财旺，

五祝心如意，六祝好运来，

七祝爱情甜，八祝父母壮，

九祝万事顺，十祝友情长。

26.酒逢知己千杯少，嘻嘻哈哈醉不了；酒逢知己千杯少，能喝多少喝多少。

27.祝大家顺风顺水顺财神，朝朝暮暮有人疼。荣华富贵年年有，前程似锦，未来可期。

28.上桌端起酒，都是好朋友。

因为酒里有今天的情绪，也有明天的期许。愿今日无憾，明日无忧，你我皆好。

让我们白日放歌须纵酒，不喝尽兴都别走，干杯！

29.希望大家能管理好自己的身体，自己不受罪，家人不受累，减少医药费，有益全社会。

让我们为健康干杯。

30.日子要的是快乐，生活要的是品位；生命要的是健康，心情要的是愉快。

愿我们样样都有，该忘的忘，该放的放，心存美好，微笑前行。

31.周末喝点酒，活到99。

愿你我闲静欢喜，不负夏日好时光。

32.周一不喝酒，没有好朋友。白天一心忙工作，夜晚喝酒放轻松。我们的身体不需要酒精，但是我们的灵魂需要。

微醺之后似天堂，喜欢喝点咱就喝点，让自己快乐才是最大的意义。

33.周二不喝酒，真的会变丑。杯中有酒，酒中有情，杯杯都见真感情。

愿生活不拥挤，笑容不刻意，所有期待都会到来。

34.周三不喝酒，没有女朋友。

杯中酒，盘中菜，祝您天天有人爱；一口酒，一口菜，愿您越来越有范。

35.周四不喝酒，美女绕道走。

人生得意须尽欢，这杯福酒都得干。

愿心情阳光灿烂，未来风光无限。

36.周五不喝酒，人生路白走。

让我们共同举杯，今日酒今日醉，每天活得不疲惫；

好也过歹也过，只求心情还不错。为我们的好心情干杯。

37.人生在世三万天，有酒有肉小神仙。

让我们该吃吃，该喝喝，烦事别往心里搁，珍惜当下，别想太多。干杯！

38. 想要青春不老，必须吃好喝好。
让我们面朝大海波浪宽，端起酒杯咱就干。

39. 遇见就是天意，相识便是缘分，世界上有一千种等待，最好的那一种是未来可期。干杯。

40. 夏去秋来桂花香，我的祝福来四方：东方送你幸福树，南方送你福安康，西方送你好运气，北方送你钱满仓。未来风光无限，潇洒快乐一生。

41. 祝愿我们一帆风顺好事多，身体健康快乐多，一年四季福气多，财源滚滚钞票多。

42. 一日千里迎风帆，两袖清风做高官，
三番五次撞大运，四季来财财路宽，
五湖四海交贵友，六六大顺事事顺，
七星高照身体旺，八方聚宝堆成山，
九子登科传后代，十全十美在人间。

43. 孩子在左，爱人在右，桌上有肉，杯中有酒。这才是最幸福的。
祝愿大家吃好喝好，青春不老；白白胖胖，充满希望。

44.金山银山不如平平安安，大富大贵不如健康到位，千好万好不如快乐就好。让我们共同举杯，干了这杯酒，生活越过越富有。

45.祝愿你们，脸上不长青春痘，身上不长五花肉，冬天轻，夏天白，一年四季都发财。

46.周日阳光照，快乐来报到。

好多人都说幸福是：有钱有权，有车有房。

我觉得幸福是：无病无灾，无忧无虑，无怨无悔。

祝愿大家无病无灾，无忧无虑，无怨无悔。干杯。

47.天气在变，服务不变；季节在变，态度不变；时代在变，品质不变。

不管未来怎么变，我的真诚不变。说一千，道一万，光说不干是扯淡。干杯！

48.奉劝各位，放下酒杯，多跟朋友聊聊天、喝喝茶、爬爬山。

今朝有酒今朝醉，生活才能不疲惫。干杯！

49.山东人喝酒六部曲：第一步，倒满盅；第二步，望星空；第三步，鸟叫声；第四步，探照灯；第五步，倒挂盅；第六步，坐如钟。

50. 养生局。

长寿的秘诀：少吃肉，多锻炼，多和朋友见见面。

愿我们一路前行，拥抱绚丽人生，既要今朝醉，也要万年长。

51. 过去成就现在，当下决定未来。

让我们在细水长流的日子里，不说永远，只谈珍惜。珍惜当下，不留遗憾。

上半年很好，愿我们下半年会更好！

52. 愿 2024 年的好运一直围绕着我们，昨天挺好，今天很好，明天会更好。

53. 女人至少要拥有三"千万"：千万要自信，千万要独立，千万要工作。

工作让我们充实，独立让我们挺起脊梁，自信带给我们力量。

快乐工作，认真生活！

54. 优秀没有终点，梦想正在远航。

我会继续努力做到更好，愿每一个努力生活的人都有一个水到渠成的未来。

55. 周末喜相逢，一笑解忧愁。

南来的、北往的，喝不过当兵的，不只有酒量还有酒胆。

祝福各位风华正茂旭日升，雄心壮志成大业，事业蒸蒸日上，家庭美满幸福。

56.一生大笑能几回？斗酒相逢须醉倒。

祝大家，扶摇直上九万里，平步青云鹏展翅。

57.第一杯酒祝福大家：生活越来越好，事业一路小跑。

第二杯：喝酒喝双，幸福安康，好事一成双，咱出门就风光。

第三杯：一杯金，二杯银，三杯喝出聚宝盆，聚宝盆里有财宝，让我们荣华富贵享到老。

58.人生百味，健康最贵。愿大家健康平安就好，其他都是锦上添花。

59.工作是乐趣，生活是享受。治愈我们的不一定是诗和远方，还有喝酒的轻松和快乐。风是甜的，心情是美的，祝我们万事顺意。

60.时间扑面而来，我们终将释怀。让我们健康地活着，平静地过着，开心地笑着，愿你我皆安，珍惜当下的每一天。

61.工作一天很辛苦，来点儿海鲜补一补。海鲜加酒，精神抖擞！愿你年年皆胜意，岁岁都欢愉。

62. 喝酒吃菜，青春常在；吃菜喝酒，越喝越有；多吃菜多喝酒，幸福才会跟你走。

干杯！

63. 酒杯一举，鹏程万里；酒杯一碰，黄金乱蹦；酒杯一响，黄金万两。

64. 祝福所有的女同胞们，身似杨柳随风摆，面若桃花添光彩，随便吃喝不长肉；一年四季都发财！

65. 俗话说，豆角开花藤牵藤，朋友相处心连心。

愿努力生活的我们，各有各的风雨灿烂，一路向阳，不负时光！

66. 看您长得帅，头发密，家里一定有好妻。愿您家庭幸福，生活甜蜜。

67. 走运走运，走出去才能有好运；出路出路，出去了才会有路；口才口才，嘴巴练好了才会发财。俗话说，无酒不成席，无鱼不成宴。

鱼儿一上桌，鱼头酒得喝。祝大家生活步步高，好运天天交！

68. 身在江湖不由己，喝酒标配花生米。人在江湖走，不能离了酒。这人在江湖飘，哪能不喝高。朋友一起，皆大欢喜！喝多不是目的，开心才是王道。

师生聚会别慌张，临时上台也语惊四座

1.一声朋友一生情，一生有你才会赢。

人生得意二两酒，欢乐还得靠朋友。

干杯，朋友！

2.随风潜入夜，润物细无声。说的就是您，王老师。

祝您，日有熹，月有光，富且昌，寿而康。

3.春意未满，夏日做伴，愿大家事事无忧，好运随风来！

4.都说宰相肚里能撑船，您这杯中无酒难开言呀（满上满上）。

酒也倒上了，说点儿走心的，走心才能同行，有爱才能共鸣。

祝愿大家生活步步高，好运天天交！

5.一月有一月的风景，一站有一站的味道。

十一月，有花开，有初雪。

愿岁月不老，你我都好。

让我们从容向晚，微笑向寒！

6.愿我们顿顿有肉吃，天天有酒喝，身体壮如虎，钱包一直鼓！

7.愿美好和幸运都能常伴您左右，有人与您共黄昏，有人与您粥可温。

8.天蓝蓝，海蓝蓝，喝完这杯往下传。白酒红酒小啤酒，祝我们友谊天长地久！

9.今天是农历的初九，祝我们好运久久，健康久久，幸福久久，财运久久。

万事顺遂年年安，只生欢喜不生烦。

10.酒喝一半，福气不断。

咱一人一半，感情不散。

让我们白天有说有笑，晚上回去睡个好觉。

11.健康胜过人民币，快乐赛过当皇帝，没病没灾就是幸福。

让我们干了这杯酒，幸福日子天天有。

12.2024年让我们继续保持这一份热爱，奔赴下一片山海。

祝我们龙行龘（dá）龘，前程朤（lǎng）朤，生活鱻（yè）

鱻，事业燚（yì）燚，财源㵘（màn）㵘！

13. 2024年的春天已经来了，一切美好只是刚刚开始，愿我们都得岁月善待，一路好运连连。

14. 2024年二四得八，发发发！

15. 都说爱情是浪漫的，我想说，浪漫的不只爱情，还有一辈子的友情。

让我们姐妹碰头，万事不愁！

16. 酒桌之间，情深意长，祝福各位老师身体健康，万事如意。

17. 各位同门，有幸与大家共聚一堂，为我们的学习和成长干杯。

18. 酒杯一举，让我们共同祝福老师桃李满天下，栋梁遍人间。

19. 酒香飘溢，感谢老师们的悉心指导。

愿我们共同进步，前程似锦。

20. 请珍惜每一次能够相聚的时光，彼此互道一声珍重，斟满酒杯，把师生情都化在不散的宴席里吧！

21. 祝老师身体健康，合家幸福，事业顺利！祝愿我们的师生情谊永远不渝。

22. 为了我们的健康成长，班主任操碎了心，为永生难忘的"师生深情"千杯！

为同学间纯朴真挚的友谊千杯！

23. 向老师敬上三杯酒：

第一杯酒，祝贺老师华诞喜庆；

第二杯酒，感谢老师恩深情重；

第三杯酒，祝愿老师健康长寿！

24. 一位作家曾说："在所有的称呼中，有两个是最闪光、最动情的称呼：一个是母亲，一个是老师。"老师的生命是一团火，老师的生活是一曲歌，老师的事业是一首诗。

25. 老师的一生，视名利淡如水，看事业重如山。

回想恩师当年惠泽播春雨，喜看桃李今朝九州竞争妍。

26. 天长地久有时尽，师恩绵绵无绝期。三尺讲台存明月，一支粉笔写春秋。

27. 同学们，让我们和老师一起，重拾当年的美好回忆，重温那段快乐时光，畅叙无尽的师生之情，放歌纯洁的学友之谊。

家庭聚会这样说，所有长辈都开心

1.爷爷，您老真是一脸的福相，一看您就是一个有福气的人。

看看这酒桌上的氛围都是沾了您的光，今天我们就一起沾沾您的福气。

端起这杯酒，祝福您幸福吉祥，身体健康！

2.敬老尊贤，岁岁平安；福禄双全，长命百岁。

感谢您一直以来的关爱和教诲，祝您身体健康，万事如意，合家欢乐！

3.敬爱的长辈，岁月如歌，感恩有您相伴。新的一年，愿您福寿安康，笑口常开；

愿您家事和睦，万事顺遂。敬您一杯，共庆美好未来。

4.岁月如歌，感恩有您。

值此佳节，举杯同庆。

愿长辈们在新的一年里身体健康，心情愉快、生活幸福，享受天伦之乐。

让我们共同祝愿家运昌隆，国泰民安！

干杯！

5.夕阳无限好，老人是个宝，给您端杯酒，祝您身体好。

祝您福如东海，寿比南山，四季常青，长命百岁，福气多多，好运长伴左右。

开心每一秒，快乐每一天，幸福每一年，健康到永远。

岁月飞逝，青春不老。愿快乐与您永相随。

6.人寿年丰又一春，生活美满笑颜开。

祝您：红福齐天，幸福无边！愿您的人生充满着幸福，充满着喜悦。

祝您：健康如意，福乐绵绵！愿您老腰不酸，腿不疼，幸福到永远。

祝您：财源广进，如意满年！

7.祝您：福满门，寿无疆！

祝您：吉祥如意，心想事成！

祝您：身体健康，好运长伴！

祝您：儿女承欢，天伦乐怀！

祝您：幸福吉祥，身体健康！

祝您：人寿年丰，康乐宜年！

祝您：安康长寿，欢欣无比！

心里高兴比蜜甜，福寿康宁人人羡。

愿您老晚年幸福，健康长寿，平安幸福！

8.盛世年华家家乐，勤劳人家喜事多。

松柏常青鹤寄语，蟠桃捧出献寿星。

苍龙日暮还行雨，老树春深更着花。

天增岁月人增寿，春满乾坤福满门。

敬祝您，福、禄、寿三星高照，合府康乐，如意吉祥！

9.亲爱的家人们，今晚我们聚在一起，共饮美酒，共享美好生活。

愿我们的家庭永远和睦幸福，亲情永固，团结一心。干杯！

10.家庭聚会，欢声笑语聚一堂。

愿我们的家永远温馨和睦，幸福安康常相伴。

祝大家身体健康，事业有成，合家欢乐！干杯！

11.家人团聚，举杯同庆。愿这顿饭不仅填饱肚子，更温暖彼此的心。

祝大家身体健康，事业有成，家庭幸福！干杯！

12.家族聚会，欢声笑语，共饮美酒，祝福满满。

愿长辈健康长寿，家庭和睦美满，事业蒸蒸日上；

愿兄弟姐妹情深似海，携手同行，共创美好未来。

让我们共同举杯，为这温馨美好的一刻干杯！

13.静候新年钟声的敲响，许下心中美好的愿望。

今晚是幸福的聚会，今夜是快乐的海洋。亲手点燃了烟花，夜空绽放了吉祥；亲身体会了团圆，幸福在胸中激荡。

让我们共同举杯，庆祝这最美的晚上。

同学聚会这样说，让你大放光彩

毕业

1.毕业之际，举杯同庆。愿你们前程似锦，步步高升！干杯！

2.让我们再次举杯，为所有在场的同学们送上最美好的祝福。愿大家幸福安康，前路无阻！

3.今天，我们齐聚一堂，共同庆祝我们毕业。

在这难忘的时刻，我想举杯向大家敬上一杯酒。

感谢有你们的陪伴，让我度过了人生中最精彩的时光。

让我们珍惜这份难得的友谊，携手共进，为未来的美好生活继续奋斗。

4.今宵我们欢聚一堂，共同庆祝大学毕业。

在此，我举杯敬大家，感谢各位同窗好友陪伴我度过了这段美好的时光。

回首过去，我们一同经历了无数个日夜，共同见证了彼此的成长与蜕变。

如今，我们即将踏上新的征程，各自追求自己的梦想。

让我们共同举杯，为过去的岁月干杯，为未来的梦想加油。

愿我们前程似锦，未来可期！

5. 今日，我们齐聚一堂，共庆毕业之喜。

我举杯向各位敬酒，愿我们友谊长存，不论未来路途如何曲折，都能携手并进，共创辉煌。

愿我们心怀梦想，勇往直前，无论遇到多少困难，都不放弃对理想的追求。

此刻，让我们为友谊、为未来，为那些曾经的青春岁月，共同干杯！

6. 在毕业之际，我举杯向各位同学致以最诚挚的祝福。

我们即将踏上新的人生征程，愿我们都能保持初心，勇往直前，不断追求自己的梦想。

让我们共同举杯，为这份深厚的友谊干杯，为未来的美好前程祝福！

再聚首

1. 二十六年的分别让我们的人生轨迹大不相同。

今日，难得的相见让我们百感交集，内心热潮涌动。

虽然平时疏于联系，但我们并未在彼此脸上读出陌生二字，感觉依旧是那么亲切美好。

让我们举杯同祝二十六年后的再相聚。

2.举杯齐祝有朝一日再相逢!

愿我们互相关怀,互相鼓励,同学情谊似海深;

愿我们身体健康,家庭幸福,平安快乐每一天;

愿我们工作顺利,事事顺心,人生之路更美好。

3.三十年前,我们是朝气蓬勃、风华正茂的少年,

转眼间,我们走过了三十个春夏秋冬,

今天重逢,让我们共饮这杯酒,一同回味我们的青春。

4.相聚虽然短暂,友情却是永远,我们要珍惜这难忘的时刻。让我们喝得痛快,笑得开怀,谈得炙热,说得坦诚。

5.让我们抛开纷繁的俗事,珍惜相聚的美丽时刻。

看看陌生又熟悉的面孔,悉听陌生又熟悉的声音。

用杯中酒点燃我们心中的激情,让凝聚的时光变成我们生命中永恒的浪花。

6.同学们,让我们珍惜友情、珍惜今天吧!

在往后的岁月里,虽然我们天各一方,但友情会把我们紧紧相连。

让我们先饮下这杯酒,然后一起分享欢乐和忧愁。

7.忆往昔,同学少年,风华正茂。看今朝,人到中年,气定神闲,一腔至诚!

人生如歌,流水年华杏然逝。雄关漫道陌路艰,人间百

态总关情。

青山依旧在，几度夕阳红。把酒言欢，往事皆付笑谈中，展望来年再重逢。

8. 老话说："酒逢知己千杯少。"让我们在这欢乐幸福的相聚时刻，为延续这份宝贵的同学情缘，为了我们辉煌灿烂的明天，为我们地久天长的友谊，为我们下次的再聚举杯畅饮吧。

9. 人生能有几个十年，我们应该在忙碌奔波中寻找一丝闲暇，去往事里走走，去听听久违的声音，去看看逐渐生疏的面孔。

今天我们举办同学会，就是为了给大家提供一次重叙旧情、互诉衷肠的机会。

10. 当年同坐寒窗边，今日共聚暖桌旁。回忆学生时代的记忆，品味同窗时的欣慰，举起我们的酒杯，为我们不朽的友谊，干杯。

11. 桃花潭水深千尺，不及同学友谊深。

今天，已近不惑之年的我们相聚在这里，让我们重叙往日的友情，倾诉生活的苦乐，互道别后的思念，尽情享受这重逢的喜悦吧！

12. 无酒，何以逢知己？

无酒，何以诉离情？

无酒，何以壮行色？

让我们共同举杯，为我们_____后的相聚，为我们辉煌灿烂的明天，干杯。

13. 我这杯酒有三层含义：

第一，朋友聚会千载难逢！为何说是千载难逢呢？

因为要等到大家都有时间才能相聚。

第二，大家很久没见了，再次相聚，是一件开心的事。

既然是开心的事，怎能滴酒不沾呢？所以，酒是不可或缺的。

第三，我们的友谊逐渐稳定和发展。

这次相聚是为下次相聚打下坚实的基础。

现在我提议，大家共同举杯，为我们的活动，为我们的友谊地久天长，干杯！

14. 只有经历了春天，才能领略到百花的芳香；

只有体验过同窗的情谊，才能懂得友谊的重要。

今天我们欢聚一堂，抚今追昔；我们举杯同庆，放歌抒怀。

为同学之情地久天长，干杯。

15. 时光飞逝，岁月如梭。

毕业十年，在此相聚，圆了我们每一个人的同学梦。

回首过去，同窗四载，情同手足。

为了大学时代的情谊，为了十年的思念，为了今天的相聚，干杯。

16.窗外满天飞雪，屋内却暖流融融。

愿我们的同学之情永远像今天大厅里的气氛一样，炽热、真诚；

愿我们的同学之情永远像今天的白雪一样，洁白、晶莹。

请诸位端起酒杯，一起敬过往，也敬明天。

17.岁月匆匆，友情长存。今日同窗聚首，感慨万分。

愿我们的情谊如酒般醇厚，历久弥新。

祝各位同学前程似锦，未来可期。干杯！

18.同学们，时光荏苒，岁月如歌。

今天是我们难得的欢聚时刻，让我们一起举杯，为过去的美好回忆干杯，也为未来的无限可能干杯。

愿我们的友谊天长地久，祝大家前程似锦，生活美满！

19.亲爱的同学们，再次相聚，感慨万分。愿我们的情谊如初，岁月不老，我们不散。干杯！

20.岁月如歌，友情如初。老同学们，今朝相聚，举杯同庆。

愿我们的友谊历久弥新，生活幸福美满！干杯！

21.同窗友情深，一朝各别离。聚会难再享，杯盏空追忆。

相见无期待，唯有祝福送。愿你前程好，幸福绵长存！

22. 聚不是开始，散也不是结束，同窗数载凝聚的无数美好瞬间，将永远铭刻在我的记忆之中。为我们今天的重逢，干杯！

23. 同学一别数十载，今日聚会分外亲。
不论富贵与贫寒，举杯同饮情最真。
追忆往事论当今，欢声笑语惹人醉。
灯光杯影映笑脸，青春时光又重回。
不知不觉夜已深，开怀畅饮无醉人。
慨叹时光匆匆过，人生能有几回醉。
一辈同学三辈亲，同窗友情别样深。
声声祝福声声情，友谊万岁万万岁。

24. 一日同学，百日朋友，那是割不断的情，那是分不开的缘。

在短暂的聚会就要结束的时候，祝同学们家庭幸福，身体安康，事业发达！

只要我们心不老，青春友情就像钻石一样恒久远——为"地久天长"的友谊干杯！

25. 来吧，同学们！让我们暂且放下各种心事，和我们的班主任一起，重拾当年的美好回忆，重温那段快乐时光，畅叙无尽的师生之情、学友之谊吧。

老乡聚会这样说，老友爆笑不离场

1.老乡们，今天我们相聚在这里，是因为我们有着共同的乡情、共同的文化。

我为能与大家共聚一堂而感到无比幸福。

让我们用这杯酒表达我们对家乡的思念之情，祝愿我们的家乡越来越美好。

2.感谢老乡们相聚一堂，愿我们珍惜这份缘分，友谊长存。祝大家合家安康，事业发达！

3.感谢这场盛宴让我们欢聚一堂。祝福老乡们身体健康，事业有成，笑口常开！

4.亲爱的乡亲们，今天我们聚在一起，共同举杯。

愿我们的情谊如这美酒一样，越陈越香；愿我们的生活如这佳肴一样，美味可口。

让我们一起欢庆这个美好的时刻，干杯！

5.亲爱的老乡们，让我们共同举杯，为我们的友谊、为我们的未来干杯！

在这个欢聚的时刻，让我们相互理解，相互帮助。

愿我们在未来的日子里继续保持联系，共同追求梦想。

6.参天大树必有其根，环山之水必有其源。

美不美家乡水，亲不亲故乡人。

同一方水土养育了我们，对老家我们都有一种特殊的感情。

作为老乡，我们平时应当互相关心，多联系、多沟通、多支持。

我真诚地期望各位老乡不论从事何种职业，都要志存高远，发愤图强，努力工作，为家乡添彩，为家乡争光。

此刻，我提议，为今日的欢聚一堂，为明天的再创辉煌，干杯！

7.这杯酒敬诸位同乡，我希望今日的这次聚会能成为亲如兄弟姐妹般的乡情碰撞、同乡情谊的升华。在这里，让我们坦诚相待，真心应对，不问谁富，不问谁贵，更多地说说心里话，畅叙友情。

8.美不美，故乡水；亲不亲，故乡人。

千山万水隔不断我们浓浓的乡情，点点乡音激励着我们苟富贵，勿相忘。

在这个陌生的城市里，陌生的人群里，我们凭借最纯真、最朴实、最原始的乡情会聚在一起，为生活，为事业，为理想，为梦想，为了大家共同的目标而奋力拼搏。

9. 乡音、乡亲，千山万水隔不断；

乡情、亲情，岁月越久情越浓。

一声乡音，拉近了距离；一曲乡情，贴近了心灵。

期望我们各位同乡，在新的一年里再相聚，难忘故乡水，共叙故乡情。

最后，衷心祝愿各位同乡，身体健康，事业腾达，家庭幸福，万事如意。

10. 从同一片沃土来到同一座城市的我们，进入了一个陌生的环境，遇见了陌生的人。

而在今晚，我们见到了熟悉的面孔，听到了熟悉的乡音。

这注定今晚是一个令我们心潮澎湃的晚上，我们将在这里共话乡情，共叙友谊。

11. 老乡们，一花独放不是春，百花齐放春满院。

_____（家乡）是故土，_____（打拼的城市）是热土，融合在一起是钢筋混凝土。

我们家乡的父母和乡亲也期望我们胜利，更期望我们团结。

仅以此杯，祝愿大家以后越来越好。

12. 这一杯，我要敬所有在外打拼的老乡。

愿你们在人生的道路上越走越宽广，事业蒸蒸日上，家庭和睦美满。

愿我们的友谊如同这杯酒一样，越陈越香，历经风雨而不变。

13.独在异乡为异客，每逢佳节倍思亲。

可是此刻，我们欢聚在一起，即使身在他乡，也不会感到孤寂。

只要我们真诚地对待彼此，相信我们之间的感情会日益深厚。

今天，我们在这里欢聚一堂，我提议，为我们这次的相聚和来日的重逢干一杯。

14.老乡见老乡，两眼泪汪汪。

亲爱的同乡们，让我们把酒斟满，让美酒漫过酒杯边，让我们留下对同乡会的完美回忆，让我们留下对同乡会的亲切关怀。

让我们把对彼此的情谊留在心间，让我们将这杯酒一饮而尽。

15.这杯酒绝非陈年佳酿，更谈不上玉液琼浆。

但它融进了我们全体同乡的情义，喝下去就会感到家乡的温暖、芬芳。

16.老乡们，大家好！在这个美好的日子里，我们欢聚一堂，共同庆祝我们的家乡情谊。

我非常荣幸能站在这里为我们的聚会敬一杯酒。

愿我们的友谊长存，愿我们的事业兴旺发达。

17. 我向在座的每位老乡敬杯酒，希望大家都能千杯不醉，开心愉悦。

也希望我们的聚会能够留下美好的回忆，让我们的老乡情谊更加深厚。

祝愿我们的家乡更加繁荣昌盛！

18. 乡音未改，情谊犹在。

让我们畅饮美酒，共话往日情！

战友聚会这样说，大家越喝情越深

1. 亲爱的战友们，今晚我们欢聚一堂，共饮这杯美酒。

愿我们的友情如酒般醇厚，如歌般悠扬。

在未来的日子里，愿我们继续携手同行，共同创造更多的辉煌与荣耀。

2. 战友相聚，共话往昔，感慨万分。

感谢有你们相伴的岁月，愿我们的友情如酒一样，越陈越香。

祝战友们前程似锦，生活美满！

3. 铁打的营盘，流水的兵。今日相聚，情深意浓。

愿我们的情谊如酒一样，越陈越香。

祝战友们身体健康，事业有成！干杯！

4.战友相聚，举杯同庆。感谢过去的并肩作战，期待未来的再次携手。

5.战友啊，岁月如歌，我们一起走过风风雨雨。

此刻，让我们举杯同庆，愿我们的友情历久弥新，愿我们的生活更加精彩！干杯！

6.同窗情深似海，战友情重如山。今日相聚一堂，共话往日时光。

感恩有你们陪伴左右，愿未来的日子，我们继续携手前行，共创美好未来。

7.在这个欢聚时刻，我的心情非常激动，面对一张张熟悉而亲切的面孔，心潮澎湃，感慨万千。

回望军旅，朝夕相处的美好时光怎能忘？

苦乐与共的峥嵘岁月，凝结了你我情深谊厚的战友之情。

让我们举杯，为我们的相聚快乐，为我们的家庭幸福，为我们的友谊长存，干杯！

8.同志们，祝愿我们的祖国繁荣昌盛！

祝愿我们的明天会更好！干杯！

9.酒越久越醇，水越流越清。

时间沧桑越流越淡，战友情谊越久越浓。

也许岁月将往事褪色，也许空间将彼此隔离，永远值得珍惜的依然是战友情谊。

10. 年年相聚，朝朝相逢。相聚虽然是短暂的，友情却是永远的。

我祝福在座的各位战友，工作顺利、生活幸福、家庭美满、心情愉快、身体健康。

愿我们永远保持当兵时的身体素质，为我们下一个八一建军节再相聚，干杯！

11. 今天，我们从天南海北、四面八方相聚在宜昌，欢聚一堂，畅叙往情，这种快乐将铭记一生。

12. 战友情深，难舍难分；战友情满，地久天长。

祝愿战友们身体康健，事业有成，合家欢乐，万事顺意！

13. 战友们，祝愿你们身体健康！永远快乐！幸福美满！

14. 相识是缘，相知是福，能有一群战友同行，这是我人生的一大幸事。

在这个特殊时期，希望战友们保重身体！

15. 战友情谊比海深，血脉相连一家亲，你我风雨共闯荡，携手并肩共欢畅。

16.战友相聚，心中高兴，感慨万千；

战友相聚，话语不断，欢声笑语；

战友相聚，开怀畅饮，真诚祝福。

祝福你们：幸福生活长又长。

17.战友情深，让我为你唱首军歌；

战友爱重，让我为你送去关怀；

战友命悬一线，让我为你祈祷平安！

愿你早日安全归来！

18.相聚一堂，共叙离别情。

军旅人生，有苦有累，有酸有痛，但这些都是为国戍边的军人的必经历程，值得我们用一辈子去回味。

19.战友们，今天我们又聚在了一起，真是时光荏苒，岁月如梭啊！

想当年，我们并肩作战，共同抵御风雨，那份战友情深，比海还深！

今天，就让我们举杯畅饮，为了那份不解的战友情，为了曾经的峥嵘岁月，也为了我们的未来，干杯！

20.战友们，岁月如歌，我们曾并肩走过那段难忘的军旅生涯。

今天，我们再次聚首，共话军旅情怀，重温战友情谊。

让我们举杯同庆，为那些激情燃烧的岁月，为我们始终不渝的战友情，也为未来更多的相聚时光。

愿我们的友谊如同老酒，愈陈愈香。干杯！

21.战友们，岁月如梭，转眼间我们已走过了无数个风风雨雨。

今天，我们再次聚首，重温军旅情怀，真是感慨万千。

让我们举杯，为了那段难忘的军旅岁月，为了战友间深厚的情谊，干杯！

22.战友们，今天我们重聚在一起，这让我想起了那些年我们一起度过的军旅生涯，那是我们人生中最宝贵的财富。

让我们举杯，为了那段难忘的岁月，为了我们曾经并肩作战的日子，也为了未来更多的欢聚时光，干杯！

愿我们的战友情谊长存，像这杯中的美酒一样，历久弥新。

23.亲爱的战友们，我们曾并肩作战，共渡难关；

如今再次聚首，倍感亲切。

感谢有你们一路相伴，愿我们的友谊天长地久，祝大家身体健康，事业有成！

24.一别多年，重逢欢笑颜开；

同舟共济，再创辉煌未来。

老战友，让我们举起手中的酒杯，为过去的日子干杯，也为未来的日子干杯！

祝大家身体健康，事业有成，家庭幸福！

25. 亲爱的战友们，让我们在这次聚会中重温那段难忘的军旅生涯。

愿我们的感情像防御工事一样坚不可摧。

愿我们的友谊像军队的士气一样永不言败。

祝福大家在未来的日子里，事业顺利，身体健康，家庭美满！

26. 我们曾经肩并肩，一起经历风雨，今天聚在一起，共叙兄弟情谊，干杯！

第五章

生日篇

惊艳四座的寿宴小金句

1.家人闲坐，灯火可亲，这便是人间最美好的景色。

夕阳无限好，您是一块宝。愿您生活之树常绿，生命之水长流。

不管几岁，快乐万岁。喝杯长寿酒，祝您身体好。岁岁皆顺意，年年皆欢愉。

2.寿比南山不老松，福如东海长流水。愿您增福增寿增富贵，添光添彩添吉祥。

您的儿女最幸福的是，不但有诗和远方，还有等他们回家吃饭的爹娘，这才是让人羡慕的。

生日快乐。

3.今天我们欢聚在此，庆贺您的_____岁生日。

祝您快快乐乐每一天，拥有像南山那样绵长的长寿，像东海那样广大的幸福。

4.天圆地方人健康，岁岁年年有今朝。人间有趣，因为有您。

给您准备了我们定制的围巾。戴上这条围巾，寒冬如暖阳，快乐和幸福一直围绕着您。

5. 福多多福多多福，长寿寿长长长寿。特意给您准备了一份寿桃，祝您健康长寿。

这是九个寿桃，单数里九最大，代表长长久久，祝您家庭幸福，长长久久。

6. 夕阳无限好，晚霞别样红。人生七十古来稀，八十大寿是福气。

7. 天增岁月人增寿，春满乾坤福满门。有福称寿星，八十正辉煌。

祝您笑在眉头，喜在心头，福寿绵绵，长命百岁。

8. 耳聪目明没烦恼，笑对人生意从容。

晚年自有祥光照，鹤舞夕阳分外红。

祝您松柏常青，日月昌明，福如东海，寿比南山。

9. 漫步人生风雨路，潇洒红尘天地间。

春风化雨八十载，幸福吉祥合家欢。

家有一老，如有一宝。

祝您日月昌明，松鹤长春。

10. 祝福老寿星生命之水长流，生活之树常青，寿诞快乐，如意吉祥，晚年幸福，健康长寿。

11. 祝您生日快乐，笑口常开，长命百岁，老当益壮，年年有今日，岁岁有今朝。

12. 您是大树，为我们遮蔽风雨。您是我们家庭的骄傲。祝您鹤发童颜，益寿延年。

13. 夕阳无限好，老人是块宝。日日月月福无边，年年岁岁都平安。

家和人和，和和美美；家事外事，事事如意！

14. 恭祝老寿星，福如东海，日月昌明，松鹤长春，春秋不老。

古稀重新，欢乐远长。

同时也祝愿在座的各位都幸福安康，大家的日子像美酒一样，越陈越香。

15. 酒是福，酒是寿，喝了吉祥又长寿。

喝杯长寿酒，祝您再活九十九，幸福好运到永久！

长命百岁，富贵安康。心想事成，后福无疆。

吉祥如意，子孙满堂！

16. 天增岁月人增寿，春满乾坤福满门。愿您增福增寿增富贵，添光添彩添吉祥。

17. 健康就是幸福，祝您乐观长寿，福如东海长流水，寿比南山不老松。

孩子生日这样祝福，让他从小自信满满

1 岁生日

1. 祝我们的宝宝一生平安喜乐，健康成长，未来可期！

2. 宝宝今天 1 周岁了，感谢上天把你赐给了我，有你真的很幸福。亲爱的宝贝，爸爸妈妈永远爱你。

3. 不管你未来是平凡还是优秀，妈妈只希望你健康成长，轻松快乐过一生。

4. 我们家从今以后又多了一个纪念日，那就是宝宝的生日。希望宝宝茁壮成长，全家幸福快乐！

5. 我家的小宝贝已经健康成长起来了，度过了他的第一个春夏秋冬。希望我们的小宝贝快快地成长，做一个健康可爱的小朋友。

6. 这一年来，我们每天看着你的笑容，听着你的声音，感觉无比快乐。祝我外孙 / 外孙女生日快乐，幸福永远。

7. 家生一宝，万事皆好，祝宝宝的每一个生日，每一天

都快乐。

祝宝宝天天像花儿一样绽放，像阳光一样灿烂，健康快乐度过每一天！生日快乐！

愿宝贝在今后的成长道路上一帆风顺，福星高照，朝着确定的目标，飞向美好的人生。

幸福的时光里，祝宝宝生日快乐。希望未来的日子里，你能快乐成长，有个美好的童年。

5 岁生日

1.恭喜你，今天开始就不是两三岁的小孩了，成功解锁5周岁。

一岁一礼，一寸欢喜，这是我送你的小惊喜。

愿你眼底有星河，笑里有清风，小小少年，生日快乐。

2.亲爱的宝贝，祝你5岁生日快乐！

希望你的成长之路上充满阳光和彩虹，

愿你的每一天都充满快乐和爱。

3.美好的5岁生日到了，愿你的世界充满美好和惊喜！生日快乐！

12 岁生日

1.这香甜的蛋糕代表你今后的生活，甜甜蜜蜜；这红红的烛火能照亮你今后的路途，前程似锦。

这柔美的旋律能舞动你的人生，这悦耳的音乐能畅想你的未来。祝你生日快乐!

2.孩子,你已经12岁了。希望你还能保有那份童真,快乐地成长,祝你生日快乐!

3.今天是你的12岁生日,祝愿烛光带给你无限的福气,希望送给你不尽的运气,12岁生日快乐。

4.在座的很多亲友,都是看着孩子长大的,我在这里感谢大家这么多年来对孩子的关心和帮助。

5.感谢孩子的老师和同学们这六年来对孩子的鼓励和栽培,陪伴和照顾。对你们的感激,我铭记在心。

6.愿你以后的人生道路上学业有成,前程似锦,长大之后尊老爱幼,孝敬父母,争做国家栋梁之材!

7.孩子,从今天开始,你的童年生活即将结束,你将步入少年时代,希望你能够做一个真正独立的人。

8.窗下有风景,笔下有前途,低头是习题,抬头才是未来。现在有多努力,未来就有多幸运。愿你用这支钢笔书写你的精彩人生。生日快乐!

几句话提升自己的生日氛围

1.一年过一回，一回老一岁；最多100回，已过30回；不知剩几回，珍惜每一回——最重要的是感谢大家都来陪！

2.21岁很好，31岁也不错，41岁会更好。

3.一年有一年的风景，一岁有一岁的味道。承蒙时光不弃，感恩一路有你们。祝我们前途似海，来日方长。

4.春有约，花不误，岁岁年年有今朝，朝朝暮暮有欢喜。生日快乐天天好，健康才是宝中宝，放宽心态没烦恼，知足常乐精神好。

30岁怎样，40岁又何妨。让我们不慌不忙，从容奔四。只要皱纹不长在心里，我们永远风华正茂。

5.走过了55年的光阴，半个世纪的轮回。往事不回头，未来不将就。不管几岁，快乐万岁！

6.年年岁岁，承蒙时光不弃；岁岁年年，万喜万般宜。良辰吉日时时有，金色年华岁岁拥！生日快乐！

7.至此鲜花赠自己，纵马踏花向自由。生日快乐！站在梦想的起点，奔向另一个新的开始，甩掉青涩，走向成熟。愿我的18岁有努力，有憧憬，自由而独立，善良而勇敢！

朋友生日说这几句，让他情绪价值拉满

1.前已不惑，后知天命，厚德载物，笑看人生。

多少岁不重要，岁岁平安才重要。

2.冬有雪花，夏有西瓜，你们的一年四季有日照味道。感谢过生日选择日照味道。

30岁怎样，40岁又何妨，让我们不慌不忙，从容奔四。

愿往后余生，快乐是你，健康是你，幸福永远是你。

只要皱纹不长在心里，我们永远风华正茂。

3.双胞胎生日快乐！双胞胎是上辈子的约定，一起出生，一起长大。

双份礼物，双倍幸福。

三餐四季，温暖有趣。

4.家财万贯，身边有伴。

儿子在左，女儿在右，孙子在前，重孙子在后，桌上有肉，杯中有酒，这才是人生大赢家。生日快乐。

5.落叶知秋，微风徐来，所有美好如约而至。

今天是没有流星也能许愿的日子。愿您一直快乐不只生日。

岁岁春无事，相逢总玉颜。

6.天圆地方人健康，一碗寿面百岁长。

细细面条表心意，岁岁年年有今朝。

生日快乐。

7.今天是你的生日，我的好友。愿你的笑容如春天般温暖，生活如夏日般热烈。岁月悠长，我们的情谊不老。

祝你生日快乐，万事如意！

8.年年有惊喜，岁岁有今朝。

所谓天命就是顺其自然。不求所有的日子都泛着光，只愿您的每一天都承载着平安，洋溢着幸福。

9.良辰吉日时时有，金色年华岁岁拥。

愿您一生温厚纯良，不舍爱与自由，不管几岁，快乐万岁！

10.青春一阵子，朋友一辈子，肩并肩的友谊比手牵手的爱情更长久。

日日是好日，时时是好时。今天是没有流星也能许愿的日子。

愿你越春秋历冬夏，四时得趣；揽日月摘星辰，一生胜意！

11. 岁岁年年常相见，朝朝暮暮皆欢喜！生日快乐！给您准备的香水，最起码有两种味道：一种是自带的独一无二的味道，还有一种是我送的诱人的味道。新的一岁，那就把喜怒哀乐一笔勾销，从此开启新的逍遥！

第六章

订婚、结婚、纪念日篇

顶级情商研究出的最强订婚致辞

1. 美酒飘香迎来了良辰吉日，欢声笑语共祝两位新人喜结良缘。

婚姻是爱情的选择，美好的约定。想要生活过得好，先把媳妇当成宝。

2. 天长地久同心永结，地阔天高比翼双飞。

一祝你们恩爱甜蜜，夫妻共白头；

二祝你们比翼双飞，事业更辉煌；

三祝你们早生贵子，一代更比一代强。

3. 爱有真心相守，情有幸福相伴。

今天的饭菜格外的香，因为爱与被爱同时发生了。

你可以告诉全世界的桃花都不用开了，因为你等的人已经来了。

愿两位冷暖有自知，喜乐有分享，同量天地宽，共度日月长。

4. 以爱之名，以余生为期：

三生石上主良缘，恩爱夫妻彩线牵。

海誓山盟皆缱绻，相亲相敬乐绵绵。

5.小手一牵，岁岁年年。

今天两位订婚，平凡的日子被赋予了特殊的意义。

始于初见，止于终老。

6.良辰吉日定姻缘，亲朋好友共祝愿。

祝愿两位甜甜蜜蜜过一生，恩恩爱爱到白头。

7.__月__日人间喜，珠联璧合凤凰飞。恭喜两位，今日订婚。

以前你的眼前人是心上人，现在你的心上人是枕边人。

祝愿你们百年琴瑟，共赴白头。

以后的生活不只有柴米油盐，还有星辰大海。

8.一愿郎君千岁，二愿妾身常健，三愿如同梁上燕，岁岁年年常相见。

9.海誓山盟余生共，晨夕相伴一生欢。

恭喜你们，人生四大喜，迎来了最浪漫的一件。

愿你们始于初见，止于终老，以爱之名，以余生为期，冷暖有相知，喜乐有分享，同量天地宽，共度日月长。

10.定亲礼炮震天响，贵府今日有喜事，四方亲友来相聚，全家上下喜洋洋。

夫妻恩爱甜如蜜，幸福生活万年长。龙飞凤舞吉祥日，亲朋好友喜洋洋。

愿两位互敬互爱，举案齐眉相伴一生。

11. 愿你们定亲之后，爱情如酒一样，愈陈愈香，无论将来的人生风雨如何，彼此永远会像这一杯酒，深深地蕴含着无尽的美好祝愿和疼爱呵护。

祝福你们订婚之夜美好安宁！

12. 愿你们订婚之夜的月光，永远映照在你们的爱情之路上，繁星点点，幸福无边。

喝下这杯酒，祝你们订婚快乐，未来的日子里，彼此守护，相依相伴。

13. 新郎新娘，祝贺你们定亲之喜！让我们为你们的爱情敬一杯酒。

愿你们的感情像这杯酒一样，越品越醇。

愿你们的生活永远甜蜜，幸福无边。

祝你们订婚快乐，百年好合！

14. 愿你们的爱情如酒般醇厚，历久弥新；如歌般悠扬，永不褪色。

在爱的旅程中，风雨同舟，携手共进，书写属于你们的美好篇章。订婚快乐！

15. 春之云裳，花容绽放；水之丽影，柳青荡漾。

桃花胜春光，佳人已成双。祝两位，相亲相爱，订婚愉快。

16.天上的片片流云，捎去我美好的祝愿；夜晚的皎皎明月，流泻出一地醉人的甜蜜。

今夕，祝我亲爱的朋友订婚大喜，从今后爱河永浴。

嘴笨的人要学的婚礼致辞

主婚人致辞

1.嘉宾都很忙，百忙之中来捧场，新郎新娘谢嘉宾，送福送贵送吉祥。

听我的口令，向前一步走。

一鞠躬，感谢嘉宾来贺喜；

二鞠躬，亲朋好友都欢喜；

三鞠躬，好运带给我和你。

三鞠躬了，朋友们，给点儿掌声。

2.酒过三巡，菜过五味，举杯相邀，同喜同乐。

现在新郎新娘为大家敬酒，请大家端起这圆圆的酒杯，

不管您的杯子里装的是白酒、红酒，还是饮料，

只要心中有，喝啥都是酒。

让我们把这圆圆满满的祝福送给幸福的一对新人。

祝他们恩恩爱爱共白头！

3. 现在午日当空，时机已到，新婚喜宴开始，请全体嘉宾端盏举杯，为一对新人喜结良缘干杯！

为各位领导、各位朋友的身体健康干杯！

为我们幸福美好的明天干杯！

4. 今天喝的是结婚酒，绵甜可口味长久，等明年再来，喝什么？

对，孩子满月酒。

现在，我真诚宣布，两位新人的结婚盛典礼成！

新郎致辞

1. 今天，我和＿＿＿结成了志同道合的革命伴侣。

在这个大喜的日子，我发布两条纪律：

一、我已经做好被你们灌醉的准备，希望各位坚持到底！

二、未经本人同意，谁也不能擅自离场！

长话短说，下面我宣布：开始战斗！

2. 奇妙的缘分，让我们相识、相知、相爱。

我希望我们能拥抱的时候，不只是肩并肩；

能亲吻的时候，不只是手牵手；

能在一起的时候，永远不分开。

亲爱的，让我们共同分享彼此的幸福快乐。

在以后的日子里，我会加倍地关心和爱护你。

我要大声告诉你：我爱你！

3.今天是我感觉最幸福的日子，因为我娶媳妇了！而且还是一位漂亮能干的媳妇。

4.我终于完成了结婚这项光荣而又艰巨的任务。我现在既激动又紧张，请大家原谅。

5.在整个地球上，有五十多亿人。在整整五十多亿人中，我找到了那个对的人。

有幸与你相爱，今生为你而来。在这个拥挤的人世间，就让我做你最后的保护神。

新娘致辞

1.非常感谢各位嘉宾参加我们的婚礼，给我们的婚礼带来了欢乐和喜悦，也带来了你们美好的祝福。有你们的见证，我们的婚礼才是完整的。

2.站在这里，我首先要感谢我的父母，是你们将我抚育成人。

我还要感谢我的公公婆婆，谢谢你们给了我一个这么优秀的老公。

感谢我的老公，因为与你携手到老是我今后实现所有人生梦想的前提。

有幸成为你的妻子，我很高兴，很幸福。

3.刚刚的婚礼我真是又激动又紧张，感谢你们在百忙之中来参加我们的婚宴，现在希望大家尽情享受我们为大家准备的婚宴佳肴，分享我们新婚的喜悦。

新郎父母致辞

1.我要对儿子、儿媳说：从今天以后，你们就长大成人了。在今后漫长的人生旅途中，希望你们同心同德，同甘共苦，同舟共济。

2.儿子成家立业，是我们多年来的心愿。

之前，看到＿＿＿＿和＿＿＿＿相知相爱，我们很高兴。

今天，看到他们携手走上红毯，我们更加高兴。

希望你们谨记，今天的牵手意味着责任、义务、信任和忠诚，在以后的日子里要多一点儿宽容和体贴，多一点儿关心和体谅。

让友好、和睦、幸福、甜蜜伴随一生，

相信我们能成为一个民主、和睦、快乐的大家庭！

3.此时此刻，我要说两个感谢：

一、感谢我的亲家，感谢你们培育出这么知书达理、贤良淑惠的女儿，是你们的辛勤培养，让我们获得了这么好的儿媳。

二、感谢各位亲朋好友的祝福，感谢你们多年来的关心支持，感谢你们百忙之中赶来参加我儿子的婚礼，送来美好的祝福。

请允许我代表家人，再一次向你们表示感谢，并衷心地祝福你们生活中天天开心，日日快乐，家庭和睦，永远幸福！

4. 我要向亲家表示衷心的感谢，感谢你们养育了这样一位让我们称心如意的女儿，也请原谅我们分享你们的最爱。我想对儿子说，请你懂得珍惜，懂得感恩。希望在未来的岁月里，你们能够勤俭持家，心往一处想，劲儿往一处使。

新娘父母致辞

1. 我想送给女儿、女婿一句话：

"心心相印心系一处，经营爱情经营婚姻。"

2. 希望你们用心呵护你们的爱情、你们的婚姻和你们的家庭，双方共同努力使你们的爱情之花常开、婚姻之树常青。

3. 女儿结婚是父亲最感慨的事。

在感慨之余，我还是要祝福我的女儿，也感谢我的女儿，是你让我感到很骄傲、很幸福！

4. 我衷心希望你们在事业上波澜壮阔，家庭里风平浪静，生活中白头偕老，一辈子幸福安康！

5. 女儿小的时候总盼望着孩子快点长大，今天当她身披婚纱就要嫁给另一个男人的时候，我才突然感觉到她长大了。

我想对女儿说：

婚姻生活很漫长，不光有花前月下的卿卿我我，更有过日子的柴米油盐，希望你们在生活中互相尊重，互敬互爱，互谅互让。

6.此刻，我感到欣慰的同时，一种不舍和无奈的感觉悄然而生，这种感觉真的是感慨万千，无以言表。

希望女儿在新的生活中能够继续成长，孝顺老人，承担起一个小家的责任，同时也希望女婿能够像我们一样爱护我们的女儿。

新郎新娘的朋友致辞

1.兄弟，新婚大喜，祝你们百年好合，幸福到白头。

美好的日子，从此刻开始；幸福的时光，与你们一生相随。

2.作为你的伴郎，我为你感到骄傲，祝愿你和新娘的爱情永远如初，共度美好的今生。

祝福你和新娘在今后的日子里甜蜜无比，共同追求美好的未来。

3.今天是你们的大喜之日，我作为伴娘，以爱情的名义祝福你们：

祝你和新娘的爱情不论经历多少风雨，都能牢牢相守。

祝愿新娘和新郎永浴爱河，早生贵子。

4.说实话，看你们郎才女貌、爱意满满，我都有点儿嫉妒了。

你们是天生一对，地造一双，而今喜结良缘，今后更须同甘共苦，不离不弃。

我祝你们的爱情牢不可破，婚姻坚不可摧，心心相印，长相厮守。

5.作为新娘的闺蜜，我特别想对她说：

愿你从此与心爱之人春赏花，夏纳凉，秋登山，冬扫雪，满心欢喜，共赴白头！

祝愿你俩幸福快乐永相伴！

6.作为新郎的好友，真心祝福新郎终于结束了单身的日子。

单身的终点，就是幸福的起点。

婚礼虽然是一时的，但是相爱却是一辈子的。

我真诚地祝福你们新婚快乐，甜蜜美满。

7.恭喜我最好的姐妹找到终生的伴侣，从此一生有人相依。

今天你成了最美丽的新娘，明天你将成为最幸福的女人。

愿你们夫妻同心，鸳鸯比翼，相亲相爱，携手共创美好生活。

8.我和新郎、新娘都是同学，在这里衷心地祝福他们。

从校服到婚纱，从校园到回家。

是年少时的欢喜，是余生真挚的爱情。忠于爱情，终于圆满。

希望以后不只有生活的柴米油盐，还有旅途的星辰大海！

要幸福得像花儿一样，携手共度人生的春夏秋冬。

9.在这春暖花开、群芳吐艳的日子里，你俩永结同好，真可谓天生一对，地造一双！

祝愿你俩恩恩爱爱，白头偕老！

10.琴瑟和谐，奏出爱的交响曲，洒着一路的祝福；钟鼓齐鸣，鸣着心的欢喜调，写着一生的美好。

你们大喜的日子，我祝你们永结同心，白头偕老！

亲友的致辞

1.恭喜您家娶了这么好的儿媳妇，新郎和新娘一个帅气，一个漂亮，郎才女貌，才子佳人，真是天生一对，地造一双呀。

祝愿他们白头偕老，早生贵子，幸福美满。

2.今天是大喜的日子，祝福新人们在以后的生活中和和美美的，也恭祝您找到了一个好儿媳妇，以后就是您享清福的日子了。

3.恭喜您儿子今日新婚大喜，祝他们能在以后的日子里和和美美的，您老人家抱上孙子也是指日可待，恭喜恭喜呀！

4.在这个值得庆祝与纪念的日子，送上我最真挚的祝福，恭喜您家壁生辉，祝愿您早日抱孙，也祝愿您身体健康，万事如意。

5.郎有才，女有貌，情有投，意有合。
在花又好，月又圆的今天，缘定三生，特来祝贺：
令郎婚禧，愿美满良缘，白首成约！

6.恭喜您二老喜得佳婿，一对璧人，郎才女貌，佳偶天成，羡煞旁人呀。祝愿他们一生一世永相随，相亲相爱到白头。恭喜恭喜，新婚快乐。

7.恭喜恭喜，您家千金嫁给了爱情，以后的生活一定会美满幸福。
祝愿他们恩爱甜蜜，不离不弃，携手共进，同创美好家庭。新婚快乐。

8.恭喜啊恭喜，这一对才子佳人，让人羡慕。
我在这里祝愿他们爱情如辣酱，火热又蜜香；
婚姻像骨头汤，温润又滋养。也祝您二老身体健康，早日抱得贵孙。

9.今天是一个大喜的日子，在祝贺新郎新娘甜甜蜜蜜、和和美美、白头偕老之外，也恭喜您找到一个好女婿，以后一定能享清福，安度晚年了。

让另一半永生难忘的纪念日发言

1.每一个充满爱的日子，都值得被纪念。

两位走过了一年之鲜，两年之乐，三年之吵，七年之痒，迎来了十年之守。

十周年，锡婚快乐。若有岁月可回首，且以深情到白头。

祝愿你们一家四口，三餐四季，温暖有趣。

2.其实幸福很简单：有家回，有人等，有饭吃。

恭喜两位，结婚十七周年快乐！

柴米油盐的十七年，有苦有甜的十七年，日日夜夜陪伴的十七年。

愿两位始于初见，止于偕老！

3.亲爱的，你是我生命中的礼物，是我此生最美的邂逅。

一年相恋的美好时光，让我知道我的选择没有错。

愿未来的日子，我们的爱情更加甜蜜，愿我们的爱情在时间的河流中永不褪色。

周年快乐，亲爱的！

4.浪漫的不是四季，而是你的身边有她。

爱情是我们每个平凡人生的一道光，纯真的告白就是最好的答案。

祝有情人终成眷属！

订婚、结婚、纪念日篇

第六章

第七章

离职、退休篇

山水有相逢，让离职同事对你念念不忘

1.送你一杯好酒，祝你前进路上无障碍；送你一声祝福，祝你前进路上有好运。

送你一阵东风，祝你前进路上如神助。男儿志在四方，勇往直前不畏难。

祝你在未来的道路上，步步高升事业顺，身体健康福寿全。加油！

2.昔日共事，今朝别离，虽道不同，情谊不减。愿你在新的征程中，步步生莲，事业有成。

同事之情，永存心间。

3.举杯祝酒，祝即将离职的_____，在新的工作岗位上继续展现自己的才华和魅力。我们期待着再次合作。

4.举杯祝贺_____离职，祝你事业蒸蒸日上，生活幸福美满。

期待与你再次相聚，共创辉煌未来。

5.回忆共事时光，感慨万千。举杯祝贺_____离职，期待未来更美好的相聚。

6.今天我们共聚一堂,为即将离职的_____送行。
愿你在未来的道路上勇往直前,取得更多的成就。

7.亲爱的同事们:
今天我们公司里的一位好伙伴即将离开我们去追求新的
职业机会。
在这个特殊的时刻,让我们共同举杯祝酒,祝愿他在未
来的道路上一帆风顺,事业有成,生活愉快。
让我们永远怀念他在这个团队中所留下的回忆和美好
瞬间。

8.各位领导,亲爱的同事们:
今天我们公司里的一位好同事即将踏上新的征程。
在这里,让我们共同举杯,祝愿他在新的岗位上越来越
成功。
我相信今后不管身在何处,他将永远珍惜这份与我们的
回忆!
永远怀念我们美好的友谊!大家要借助今晚欢聚一堂美
好时光的机会,将这些想说给他的祝福说出来。让我们一
起发出心底的祝愿,祝他前程似锦,步步高升!

9.尊敬的各位领导,亲爱的同事们,今天是我们公司里
_____的离职日。

感谢他在我们这个大家庭中的付出和努力。

让我们共同举杯，为他的未来发展祝福，祝愿他在新的工作岗位上能够更加出色，实现自己的梦想。

10. 在这个温馨的大家庭里，我们中的一位成员即将离别，去迎接新的挑战和机遇。

作为他的同事，我们感到非常舍不得。但同时，我们也深感欣慰，因为知道他将要踏上新的征程，开辟新的天地。

让我们向他表示最真挚的祝福，祝愿他在新的路途中取得更大的成就。

11. 今天，我们团队里的一位优秀的同事即将离任，去迎接新的机遇和挑战。他在这个大家庭中度过了美好的时光，为我们的团队带来了无限的活力和动力。

在这里，我们要向他表达最诚挚的感激和祝福，希望他在新的工作岗位上继续发光发热。

12. 共事多年，情深义重；今朝分别，祝福送行。
愿你前路坦荡，平步青云；岁月静好，笑对人生。
感恩有你，珍视往昔，期待未来更美好。

13. 一路同行，感谢有你；即将分别，祝福永远。
愿你的新旅程如诗如画，愿你飞黄腾达，事事顺心。
我们虽不能常聚，但友谊永存，祝你大展宏图！

14.亲爱的_____，感谢你的陪伴与支持，共同度过难忘的工作时光。

同事虽离别，情谊永相随。祝你前程似锦，步步高升，未来更加辉煌灿烂。期待我们再次相聚，共话未来。

15.同舟共济笑中泪，同事辞职情不灭。并肩作战豪情在，今日离别心难舍。

梦想路上再启航，友谊长存心间留。祝福你前程似锦绣，再见依旧是英雄。

16.时光荏苒花已落，同事辞职心难舍。并肩作战情如歌，今朝离别泪婆娑。

事业路上再前行，友谊长存心相连。祝福你建功又立业，再见依旧是朋友。

17.风送离情满职场，泪眼送君心难平。同事共事情如酒，今日辞职友情留。

岁月漫长人依旧，未来路远梦不休。心想事成再相逢，期待重逢更上一层楼。

18.离职并不是结束，而是新的开始。在新的道路上，愿你勇往直前，绽放你的才华和魅力。

祝福你在未来的人生道路上一切顺利，快乐无边。

再见了，我们的好同事。

19. 愿同事＿＿＿＿在新的征程中万事如意，人生美满。
后会无期，但未来可期。

20. 送你一杯美酒，祝你前程路上福常有；
送你一杯清茶，祝你前程路上乐无涯；
送你一声祝福，祝你前程路上尽好运。
祝你：一路顺风！

21. 风雨同舟共渡时，感激有你相伴行。
今日离职情难断，祝你未来更辉煌。
职场深似海，愿你一帆风顺扬帆起。

22. ＿＿＿＿，你离职之际，我衷心祝愿你在新的工作岗
位上如鱼得水，百尺竿头更进一步。虽然我们可能不再并肩
作战，但我始终记得那些共同度过的岁月，感谢有你的陪伴。
愿你的未来充满阳光和欢笑。

23. ＿＿＿＿，我们曾并肩作战，共同面对挑战，你的离
职虽令人遗憾，但更应为你骄傲。
祝你在新的旅程中一帆风顺，马到功成，前途无量。

24. 风送离情满职场，泪眼送君心难平。
同事共事情如酒，今日辞职友情留。
岁月漫长人依旧，未来路远梦不休。
前程似锦再相逢，期待重逢更上一层楼。

25.天下无不散之筵席，感激有你们的陪伴，江湖再见！祝福前程似锦，一切顺利。

26.同事离职，送上最真挚的祝福。

愿新的征程中事业有成，人生美满。后会无期，但未来可期。

27.同事虽离别，情谊永相随。

祝你前程似锦，步步高升，未来更加辉煌灿烂。

28.共事多年，情深意重；今朝分别，祝福送行。

愿你前路坦荡，步步生莲；岁月静好，笑对人生。

感恩有你，珍视往昔，期待未来更美好。

29.一路相伴，感恩有你。虽离别在即，但祝福永存。

愿你前路坦荡，事业有成，生活如意，幸福安康。再见，珍重！

30.人生是一场缘分，相识是缘现，相知是缘定。

离别之际，敬你三杯酒：一杯敬自己，一杯敬工作，一杯敬未来，愿我们都越来越好。

今日一别，不知何时相见，愿你我的友谊长存，愿你在他乡事事顺心。

31. 送别的酒，斟满感恩的酒杯；

送别的话，说尽真情的浓厚；

送别的情，流淌友情的深重；

送别的意，传达祝福的无数。

同事相识再分手，一生情义心中留！

32. 今日的离别是为了今后的相聚，暂时的分开让我们更懂得珍惜。

只愿时常的问候让你不觉孤寂。祝你一路顺风，一切如意！

33. 每天上班、下班，过得随意、平淡，不经意的点头和问候，我们由原本的生疏变得熟悉，相处的时间不多，偶尔的聊天也很短暂，但是我把这些当作是一种亦师亦友的交情。

今天你要离开了，我用杯中酒祝你前程似锦。

34. 芝麻开花节节高，一日胜过一日好，衷心祝愿你在新的岗位再创佳绩，再造辉煌。

35. 今天，我们相聚在这里，为即将告别我们团队的同事送上一份真挚的祝福。

你是我们团队中最出色的，以专业的技能和敬业的精神赢得了大家的尊重和信任。

但离别总是难免的，我们相信你在未来的道路上一定会更加出色，创造更加辉煌的成就。

祝愿你前程似锦，未来可期！

树大好乘凉，抓住送别退休前辈的机遇

1.退休了，岁月不饶人啊，让我们共同举杯，向我们的老同事们致以最诚挚的敬意和祝福。

感谢你们过去的辛勤付出，祝愿你们在以后的日子里，快乐幸福地度过每一天，在退休生活中享受到幸福和安宁。

2.一路走来，有你们的陪伴和支持，我们才能更好地前行。

现在，让我们一起举杯祝贺这些即将开启新篇章的老同志们，愿你们在退休生活中感到快乐和满足。

3._____，感谢您陪伴我们走过这么多年的职业生涯。

感谢您多年的辛勤付出和无私奉献。

在您退休之际，我向您致以最真挚的敬意和祝福。

祝您退休生活愉快，愿您在未来的日子里健康、快乐、充实地过好每一天，享受家庭和个人的美好时光。

4.在这个欢送的时刻，我们要对所有即将退休的同事们表达最真挚的感激和祝福。

愿你们在退休生活中，拥有更多的时间和机会去追求自己的兴趣和梦想，享受美好的晚年生活。

5.岁月如歌，这位老同事用他的职业生涯，为我们谱写了一首无悔的赞歌。

让我们以最真挚的祝福欢送他，祝愿他在今后的生活中健康、快乐，愿他的每一天都充满阳光和笑声。

在新的旅程中，愿他的梦想成真，生活更加美好。

再见，我们的老同事，愿您拥有一个美好的退休生活。

6._____，感谢您在我们部门中的付出和努力。

在您退休的时刻，我们向您表达最深切的祝福。

愿您在未来的日子里，享受悠闲的生活，晚年生活得幸福快乐。

7.单位岁月匆匆过，同事情谊深深留。感谢并肩共奋斗，退休之际送祝福。

愿君退休乐无边，家庭和睦万事兴。身体健康常相伴，笑口常开永无忧。

8.祝福我们的老同事，在新生活里，收获满满的幸福与安宁。

岁月悠长，我们的情谊永存心间。愿您的退休生活如诗如画，精彩纷呈。

9.风雨同舟数十载，共度时光岁月长。今日您喜迎退休，事业有成享安康。

感谢您的辛勤付出，祝您退休生活有滋有味，身体健康，福寿双全！

10.亲爱的同事，恭喜您光荣退休！感谢您的努力工作和认真钻研，为公司带来了无数荣誉与成就。愿您在接下来的日子里，享受更多的家庭幸福、健康快乐，继续书写人生的新篇章！

11.岁月匆匆，时光荏苒。感谢有您相伴，共度工作岁月。

如今您即将步入退休生活，愿您的日子十全十美，幸福安康。

祝您退休快乐，生活如意！

12.岁月匆匆，转眼间我们并肩作战的日子已经过去。

在您退休之际，我想送上最真挚的祝福。

愿您的退休生活悠闲自在，无忧无虑；愿您的每一天都充满阳光和欢笑。

感谢有您一路相伴，祝您退休愉快，健康长寿！

13.我觉得_____是一个对我，包括我们单位帮助特别大的人。

所以我就代表大家说几句，希望您退休以后，能够继续发挥余热，把您的聪明才智全部都展现出来，也希望您经常回这里看看大家。

在此，我们祝愿您青春常在，永远年轻！

更希望看到您在步入金秋之后，仍傲霜斗雪，流香溢彩！

14.＿＿＿＿＿，感谢您陪伴我们走过这么多年的职业生涯。

在您退休之际，我祝您退休生活愉快，享受家庭和个人的美好时光。

我们会一直想您。

15.一路走来，有你们的陪伴和支持，我们才能更好地前行。

现在，让我们一起举杯祝贺这些即将开启新篇章的退休同事们，愿你们在退休生活中充满快乐和满足。

16.在这个特殊的时刻，我们要向所有即将退休的同事们致以最崇高的敬意。

感谢你们的付出，祝你们在退休的日子里享受到充实而美好的生活。

17.＿＿＿＿＿，感谢您多年的辛勤付出和贡献。

在您退休之际，我向您致以最真挚的敬意和祝福。

愿您在未来的日子里，健康、快乐、充实每一天。

18.岁月匆匆，与您共事的日子仿佛还在眼前。

您的敬业精神、无私奉献精神都让我们深受启发。

在您的退休之际，衷心祝愿您在未来的日子里，身体健康，心情愉悦，生活更加精彩！

19.一路同行，感谢有您。

您的坚韧和努力总是激励着我们前行。

祝您在退休后的生活里，充满阳光和欢笑，享受每一个美好的瞬间。

20.祝福我们的老同事，在新的征程上，收获满满的幸福与安宁。

岁月悠长，我们的情谊永存心间。

愿您的退休生活如诗如画，精彩纷呈。

21.感谢您多年的辛勤付出，您的专业知识和严谨态度一直是我们学习的榜样。

祝您退休生活幸福美满，享受更多的美好时光！

22.岁月匆匆，时光荏苒。

感谢有您相伴，共度工作岁月。

如今您即将步入退休生活，愿您的日子如诗如画，愿您幸福安康。

祝您退休快乐，生活如意！

23.岁月匆匆，转眼间我们一同走过了无数个风风雨雨。

如今您即将开启新的篇章，愿您退休生活如诗如画，享受每一个悠闲自在的日子。

感谢您的付出与努力，期待未来与您继续携手前行。

24. 亲爱的老伙计，今日举杯同庆，祝贺你步入人生新篇章！

退休不是终点，而是新生活的起点。

愿你退休后的日子像这杯酒一样，甘甜可口，回味无穷。

从此，你可以尽情享受钓鱼的乐趣，或者研究如何成为广场舞的领舞。

干了这杯，愿你晚年幸福，身体倍儿棒，笑口常开！

25. 感谢你多年的辛勤付出和无私奉献，你就像公司里的定海神针，让人安心。

现在，你终于可以放下重担，享受退休的悠闲时光了。

愿你的退休生活像这杯酒一样，越品越有味，越活越带劲儿！

恭喜你开启人生新篇章！

26. 今天是你退休的大日子，我们特地为你准备了这杯酒！

恭喜你，终于可以从"996"的战场上退下来，享受"007"的休闲生活了

这里的"007"可是指早上零次闹钟，晚上零次加班，一周七天都开心哦！

祝你退休后的日子充满欢笑，每一天都过得精彩！干杯！

27. 亲爱的老搭档，今日为你送上最诚挚的祝福！

退休不是结束，而是新生活的开始。

你为我们拼搏了这么多年，是时候享受一下"躺平"的快乐了。

祝你退休后，能够把高尔夫打出新高度，把广场舞跳到新境界！

愿这杯酒带给你无尽的欢乐和幸福，干杯！

28. 在这个特殊的时刻，我想向您表达我最真挚的祝福。

您在公司辛勤耕耘多年，为公司的繁荣发展做出了巨大的贡献。

您的经验和智慧是我们宝贵的财富，我们会永远铭记在心。

在此，我敬您一杯酒，祝愿您退休生活幸福美满，身体健康，心情愉悦。

希望您能够享受这段美好的时光，与家人共度天伦之乐，享受人生的精彩与美好。

第八章

节日、节气篇

最全传统节日祝酒词，帮你拿捏各大假期饭局

1. 妇女节

如诗如画三月天，阳光明媚花满堂。伴随着温暖的春风，我们迎来了"女神节"。

在属于我们自己的节日里欢聚一堂，共同分享节日的美好。

著名作家冰心曾经说过，这个世界若没有女人，将失去十分之五的真、十分之六的善和十分之七的美。

我们是这个世界上最美丽的色彩。祝大家青春美丽如鲜花，永远年轻像十八。

2. 劳动节

忙而有度，闲而有趣。

打扫卫生也是解压的一种方式。

生活可以五颜六色，但不可以乱七八糟。人生之败非傲即惰，所以勤则百弊皆除。

让我们行动起来，努力工作，认真生活。

3. 护士节

白衣炫五月，天使佑中华。

在这个特别的日子里，把最美好的祝福送给最美丽的天使，节日快乐！

愿天使们，眼眸有星辰，心中有山海，手上有温暖，脚下有力量！

4．"520"

人生所幸之事是饱餐和被爱，今天是520，提醒我们不要忘记爱与被爱。

生活需要仪式感，我们需要的是关爱和在乎。

我给大家准备了玫瑰花，希望大家天黑有灯，下雨有伞，一路有良人相伴。

5．母亲节

妈妈的饭是吃不腻的人间浪漫，妈妈的碎碎念温暖了我们的岁岁年年，

妈妈的微笑给了我们无尽的力量。祝您节日快乐，健康快乐每一天！

6．儿童节

好看的皮囊千篇一律，有趣的灵魂要过六一。祝大朋友、小朋友，一直被爱，尽情可爱，永远被这个世界温柔以待！儿童节快乐！

7．父亲节

父亲的手，一只要赚钱养家，一只要遮风挡雨。虽然他

的爱不善言表，但是能顶天立地。父亲节只有一天，但给我们的爱可以温暖岁岁年年。父亲节快乐！

8. 中元节

点一盏心灯，诉一程思念。当离别成为世间的劫难，珍惜才是最好的解药。愿天上亲人安息珍重，世上人间平安团圆。

9. 建党节

不忘百年路，启航新征程。今天是党的生日，我们生在红旗下，长在春风里，未经过乱战，不缺少衣食，感谢祖国感谢党。只争朝夕，不负韶华，是对未来最好的宣誓。

10. 建军节

何其有幸，生于华夏。今天的中国已经不是一百年前的中国了。平凡铸就伟大，英雄来自人民，每个人都了不起。当兵的，你们才是最了不起的。退伍不褪色，永远守初心。军强民安，才是老百姓想要的好日子，向你们致敬！

11. 教师节

一桌一讲台，一师一生情。老师，节日快乐！天涯海角有尽处，唯有师恩无穷期！父母赋予了我们看世界的眼睛，而您丰富了我们看世界的维度。谢谢您！祝您桃李满天下，春晖遍四方！

12. 开海节

今天是渔民重要的日子，开海节。与你相约开海节，邂逅大海的馈赠。靠山吃山，靠海吃海，每一条渔船都承载着期待和希望，希望渔民朋友满载而归！

13. 国庆节

家有山河锦绣，国有岁月芳华。百年春华秋实，百年日新月异。

14. 腊八

俗话说，过了腊八就是年，一年一岁一团圆。一碗腊八粥，温暖过寒冬。让爱在味道里团圆。愿2024年的我们，事事"粥"到，万事"粥"全。

15. 小年

腊月二十三，小年福连天。愿大家发财，被爱，好运常在。万水千山皆丰收，岁月福满度春秋。

16. 春节

春节到，喜气来，欢声笑语满堂彩。
愿你们的笑容像烟花一样灿烂，财富像红包一样滚滚来。
愿我们的事业和生活都红红火火！

17. 元旦

不觉年末将至，只愿尘世皆安，新的一年祝我们健健康康，顺顺当当，心之所愿，无所不成。新年快乐！

风是甜的，心情是美的。

2024 年的第一天，在这烟火温暖的人间，愿大家眼中有光，眉间无霜，二四得八，发发发！

18. 除夕

一串鞭炮送走烦恼，一杯美酒碰出欢笑，一碗水饺包裹热情，一番忙碌有着年的味道，一家团圆融融完美，一席畅谈乐得逍遥。

除夕到来送吉祥：
一送好运不可挡，天天赚钱忙；
二送温情心中藏，朋友莫相忘；
三送福禄与健康，身体永强壮；
四送幸福万年长，快乐永安康。

爆竹声声迎除夕，锣鼓阵阵催人急。
万家灯火笑声溢，手机唱响传消息。
歌声爆笑不停息，长寿面条诱食欲。
苹果香蕉波罗蜜，美酒佳肴圆满席。
连年有余长寿康，平安甜蜜又吉祥。

瑞兔辞旧岁，祥龙报喜来。今天是除夕，除去烦恼，迎接希望。除了祝福，希望你开心；除了健康，希望你平安；除了发财，还希望你好运。愿你新年胜旧年，一年更比一年强！

19. 春节

在这个喜庆的日子里，让我们共同举杯，为过去一年的辛勤付出和美好回忆干杯！

祝大家在新的一年里，事业突飞猛进，生活如诗如画，好运连连不断！

新春佳节，举杯同庆。

愿你我岁岁平安，年年如意；

前程似锦，步步高升；

家庭和睦，幸福美满。

20. 元宵节

元宵佳节到，汤圆甜甜笑！

吃汤圆要"细嚼慢咽"，好运才会"细水长流"。

愿我们的情谊如汤圆般甜蜜，生活如元宵般圆满！

天上月圆，人间团圆。岁月最美是陪伴，人间至幸是团圆。祝大家年年幸福年年富，岁岁平安岁岁欢。元宵元宵，烦恼全消；汤圆汤圆，好运连连！

元宵佳节灯火明，举杯同庆。

愿我们的生活如汤圆般圆满，如灯火般璀璨！

愿大家好运不断，像汤圆一样，圆滚滚地滚进幸福的大门！

元宵佳节到，笑声、祝福不能少！

来，举杯畅饮，一起为幸福干杯！

愿大家吃得开心，笑得灿烂。

21. 端午节

喝上一杯雄黄酒，好运必定能长久；吃上一包香粽子，快乐伴你一辈子。

粽子飘香，龙舟破浪！

让我们举杯同庆，祝大家都能像粽子一样，外表包裹着幸福，内心充满甜蜜；

像龙舟一样，勇往直前，乘风破浪！

端起喷香的粽子，舞动欢乐的身子；

听上好运的曲子，快步走到大院子；

乐享开心好日子。端午节快乐！

一年一端午，一岁一安康。悠悠艾草香，绵绵情意长。

祝你事事"粽"顺利，生活"粽"快乐，样样"粽"美好，端午安康！

22. 清明节

清明时节，我们相聚在此，共同缅怀先人，寄托哀思。

在这个特殊的日子里，让我们举杯同饮，向逝去的亲人表达最深的怀念。

愿他们在天堂安息，愿他们的精神永远与我们同在。

清明节至，我们围坐一堂，敬一杯酒，缅怀逝去的亲人。

愿他们在天堂一切安好，幸福永恒。

同时，也要珍惜眼前的相聚时光，让欢笑和美好成为我们共同的记忆。

各位朋友，此时此刻，我们共聚一堂，以酒寄哀思，缅怀逝去的亲人。

虽怀念，但生活仍需前行，让我们笑对人生，珍惜相聚时光。

愿我们在欢笑中铭记，在怀念中前行。

23.重阳节

重阳节到，登高望远，别忘了喝上一杯菊花酒，驱走忧愁，带来好运。

笑一笑，十年少，今天咱们就做个"老顽童"，忘掉烦恼，开心最重要！

六为阴，九为阳，九九之期是重阳；
逢佳节，倍思亲，二老亲恩最难忘；
插茱萸，登高处，遥寄祝福在他乡；
菊花酒，菊糕香，五谷丰收人安康。

重阳到，赏菊的时候别忘了拍照，最重要的还是喝上一杯菊花酒，

让那淡淡的酒香和花香交织在一起，温暖我们的心田。

夕阳无限好，晚霞别样红！今天陪叔叔阿姨一起过节，因为有爱的陪伴，三餐四季都温暖。年年逢重阳，岁岁皆安康。祝叔叔阿姨，健康幸福，快乐永久！

24. 七夕节

良辰美景与美人相伴，酒香满溢，爱意无限。

七夕节，让我们携手品尝美酒，把爱与友谊凝结在一起，共同度过这个浪漫的夜晚。

七夕之夜，我们要畅饮美酒，唤醒心中的爱和渴望。

让我们在酒香中演绎故事，共同度过这个美好的夜晚。

酒是人生的调味剂，也是爱情的助力。

在这个七夕之夜，让我们喝一杯来庆祝我们的爱情和友谊，共同创造美好的回忆。

最浪漫的节日，最有爱的日子，它提醒我们不要忘了爱与被爱。愿大家一生有爱，不止七夕。走好脚下的路，珍惜眼前的人！

25. 龙抬头

龙抬头，红运当头，大吉大利。愿你福如东海长流水，财源滚滚来！

龙首一昂，福星高照。龙抬头之日，祝你前程似锦，红运通天！

龙舞翻腾，祥云笼罩。祝你龙抬头大吉大利，人生如龙翱翔，一帆风顺！

二月二，龙抬头。低头是幸福当下，抬头是美好未来。

祝我们全家健康好兆头，吉祥如意好彩头，幸福快乐无尽头，万事圆满暖心头。红运当头，来日更上一层楼！

26. 中秋节

中秋饮美酒，千里共婵娟。福满家圆桌，祝福留心间。

一杯酒，一祝福，愿你中秋佳节愉快，平安幸福。

邀明月，共饮酒，愿这个中秋与众不同，深情温馨。

举杯邀明月，祝福聚中秋，情满酒桌间，幸福永相伴。

一年一中秋，一家一团圆。借中秋一轮满月，愿大家家和业顺人长安，诸事圆满，人生无缺！

二十四节气祝酒词，说完让宾客刮目相看

1.立春

静宁见春，祉猷并茂，我们一路繁花似锦。

愿君欢喜常相伴，一路坦途梦如愿。万事顺遂年年安，只生欢喜不生烦！

年头年尾，吉祥如意！

春风有信，花开有期。所有美好和春天一同来到。

祝愿大家生活春风得意，事业资产过亿，心情春意盎然，感情春暖花开。

立春时节到，万物复苏春意闹！

看，那花儿都笑开了脸，草儿也忍不住探出了头。

咱们举杯同庆，愿每个人都能像这春天的万物一样，充满生机与活力！

2.雨水

东风解冻，雨水归来。雨水节气，祝愿大家，顺风顺水顺财神，朝朝暮暮有人疼。让我们面朝大海，迎接春暖花开。

雨声祝你平安，雨水冲走愁烦，雨丝捎去思念，

雨花飞落心弦，雨点圆你心愿，雨露润你心田。

雨水节气祝你：要风得风，要雨得雨，然后呼风唤雨！

春雷阵阵响云霄，乌云滚滚天外绕。

雨水节气多降水，滋润大地干渴消。

丰收在望开颜笑，生活幸福步步高。

祝你雨水无烦恼，事业顺心成功抱。

3. 惊蛰

惊蛰到，春光俏。愿所有的美好和春天一同来到。

祝愿大家春风得意，生活如意，资产过亿，快乐幸福每一天。

惊蛰到，春雷响，万物复苏。

愿你事业如春雷般响亮，灿烂辉煌；

生活如春花般绚烂，五彩斑斓。

4. 春分

今日春分，昼夜共长，我的祝福在身旁。

愿大家一路春暖花开，春风得意，生活恰如其分，美好恰逢其时！干杯。

5. 清明

有一天，我们都会离开这个世界。如何过有意义的生

活？怎样才算不虚度光阴？人生没有早知道，只有当下酒和眼前人。

珍惜每一位身边的人，缅怀逝去的人和事。

让我们抬起头向前看，珍惜当下，把握现在。

6. 谷雨

今天是春天的最后一个节气，谷雨到，百谷生，有风有雨，风调雨顺。

愿大家不负春光不负己，此生常如意！

7. 立夏

今日立夏，一年之中生机勃发的时刻，斗指东南，维为立夏，万物至此皆长大。

8. 小满

有小暑、大暑，小雪、大雪，有小满但是没有大满。

这是告诉我们，人生不求大满，小满即是圆满。

我的酒没有倒满，但是祝福要满。

花未全开月未圆，最美人间是小满。

小小的满足，大大的幸福，祝大家美满幸福！

祝福涌满心头，诉不完爱的故事连连。

财运装满口袋，用不尽富贵荣华绵绵。

思念溢满笔端，写不出你我情义万千。

小满时节，愿你人生无处不圆满。

小满到来乐无限，温馨祝福不间断：心情愉悦快乐满，理想实现信心满，工作顺利成功满，生意发财财富满，合家欢乐幸福满，吉祥如意好运满，事事平安健康满。

9.芒种

芒种来临，仲夏开始。有收有种，自在从容。种下希望，收获美好。愿大家今夜好梦，明日好运。

10.夏至

今天夏至，夜晚最短，白天最长，我的祝福在身旁。

愿所有美好如约而至，向阳而生，拥抱无限生机。

11.小暑

愿你有"暑"不尽的快乐，"暑"不尽的好运，眼中有美景，心中有清凉。

小暑长安，余生常欢。

思念如绵绵梅雨，湿衣裳；
问候似炎炎小暑，暖心肠。
时间不停流转，季节不停变幻，情意始终如夏花灿烂。
我的祝福如小暑火热。

小暑过，一日热三分。
思念升温，问候升温，友情也升温。

工作别太劳累，保重身体养精神；

挣钱别太辛苦，知足常乐才是真。

12. 大暑

梦想和大暑总有一个值得我们大汗淋漓。烈日在炙烤，日子在燃烧，让我们拥抱盛夏的热情，把每一天都过得热气腾腾。

13. 立秋

秋风知我意，微凉又深情。秋天的第一杯奶茶可以不喝，但是眼前的白酒不能错过。因为酒从眼前过，不喝是罪过。干杯！

炎炎夏日逝，立秋凉意来。美酒盈杯中，佳人共赏怀。

草木渐凋零，立秋风气爽。美酒伴佳肴，好友共此晌。

立秋时节到，美酒伴金风。欢歌笑语中，乐享好时光。

14. 处暑

袅袅凉风起，最美人间秋。夏季有秋，凉风有信，处暑是盛夏的终章，也是新一季美好的开始。愿您日益努力后风生水起，往后余生，大吉大利！

15. 白露

美在金秋，念在心头。白露暖秋色，不负好时光。一夜秋风一夜凉，一场白露一场霜，愿君岁岁年年常安康。

16.秋分

昼夜等分,秋季平分。一半一半,方得圆满。

愿大家心情像秋菊一样美丽,精神像秋风一样清爽,收入像秋叶一样,数不胜数。

享受这个秋天的浪漫,事事如愿!

17.寒露

今天是二十四节气的寒露,寒露暖秋色,秋短情更长。人间烟火,满是欢喜,愿大家在这个春华秋实的岁月里,有衣暖身,有人暖心,有酒暖胃。

18.霜降

霜降枝头白,温酒待东临,让我们相聚共饮一杯秋。愿世间所有温暖与你息息相关,事事有甜,好运连连!

19.立冬

寒来暑往,秋收冬藏,希望我们来日方长。愿这个冬天,有惊喜,有期待,好运常在,新冬不寒!

20.小雪

小得即圆满,雪落不知寒,让我们不负岁月好时光。愿爱与好运同在,阳光暖一点儿,日子甜一点儿。

21. 大雪

雪落天地一片白，酒倒杯里心中暖。

让我们把遗憾埋在冬日的大雪里，等待来年长出新的期待。

22. 冬至

冬至大如年，人间小团圆。

今天白天最短，夜晚最长，我的祝福在身旁。

愿你在这个长夜，融化掉这一年所有的不快乐。

冬至福至幸运至，快乐过冬！

23. 小寒

小寒交好运，步步如愿走红运。这个冬天不缺暖阳，好运常在。

24. 大寒

岁末大寒至，静候春归来。让我们冲破严寒，一起奔赴下一个春暖花开。祝大家心情好，没烦恼，一年更比一年好。

第九章

季节、天气篇

最富诗意四季词，四季发财步步高

1. 春天

春风送暖，万物复苏。在这美好的季节里，让我们举杯共饮，为新的一年、新的开始干杯！

愿我们的友情如春日阳光般温暖而长久，让我们共同迎接更加美好的未来。

春风得意马蹄疾，新春酒桌齐欢聚。祝您春风满面笑颜开，身体健康如常青树，财源广进似江海流，新年新气象，万事胜意！

一杯春酒，温暖如初阳，岁月悠悠，情谊绵长。新春佳节，愿你我笑容常开，幸福安康。

春风送暖，花开满园。在这美好的季节里，愿你的生活如春酒般甘甜，事业如春风般顺利。祝你春节快乐，身体健康，万事如意！

在这样春光明媚的日子里相聚，我们的杯中装的不是酒，是生机，是希望，是浪漫，是生生不息。

杯酒新春，情深意浓。与你共饮这杯酒，愿我们的友谊如春水般涌流不息，愿你的生活如春天般充满生机和希望。

2. 夏天

阳光灿烂的夏天，一杯冰镇酒在手，瞬间让人心旷神怡。无论是啤酒的清爽还是红酒的醇厚，都带着生活的诗意，让我们一起在这个夏天品味人生。

在炎炎夏日里，阳光和酒是我们最好的伴侣。感受阳光的热情，品尝酒的醇厚，让我们在这个热情的季节里找寻属于自己的惬意时光。

当酒遇到夏天，所有的忧虑和疲惫都将在阳光下消散。一杯冰酒，带着果香和夏日的气息，让人不禁想起那些美好的夏日记忆。

3. 秋天

在这枫叶飘香的秋季，让我们举杯祝愿，愿每一个美好的梦想都能实现，每一分努力都能得到回报，干杯！

秋天是收获的季节，也是新的开始。让我们在此刻举杯祝酒，为新的机遇，为新的挑战，为美好的未来，干杯！

秋天是感恩的季节，感谢大自然的慷慨赠予，感谢亲朋好友的陪伴，让我们为这个美好的世界举杯祝酒，干杯！

秋天的宁静与和谐让人心生敬意，让我们在此时此刻举杯祝愿，愿每个人都能享受这个美好季节带来的和平与安宁，干杯！

凉风习习迎立秋，芒种已过喜丰收。君临宴席聚欢笑，恭贺佳节乐逍遥。岁月流转又一年，丰收时节福百年。喜悦团圆在风中，幸福美满传欢声。举杯邀月赏秋光，祝福欢聚喜永长。

4. 冬天

亲爱的，冬日已至，雪花飘舞间带去我的深深问候与祝福。愿这个冬天，你的笑容如阳光般灿烂，生活如诗画般美好。我在远方默默为你祈祷，期待春天的到来，我们再次相聚。

岁末将至，敬颂冬绥；煮酒温茶，满饮此杯；大雪将至，万事胜意。

冬日来临之际，愿你如阳光般明媚，如雪花般纯洁。岁月悠长，与你共度每一个温馨瞬间。祝你冬日快乐，身体健康！

冬日严寒，愿这杯酒能给大家带来温暖和喜悦，祝大家身体健康，万事如意！

在这个寒冷的季节里，感谢家人的陪伴和关爱，愿我们的亲情更加深厚，家庭幸福美满。

冬日里工作繁忙，大家辛苦了！愿这杯酒能为大家带来力量和勇气，共同迎接挑战，共创美好未来。

冬日里的温暖，有你便足够。愿这杯酒见证我们的爱情，愿我们的爱情更加深厚，白头偕老。

感谢朋友们一直以来对我的支持和陪伴，愿这杯酒能带给大家欢乐，让我们共同度过这个美好的冬天。

化险为夷，让突发天气助你出口成章

1.丝丝细雨润心田，声声祝福暖人间。现在只要我们打开窗，那就是要风得风，要雨得雨。

2.今天外面下着大雨，正可谓，下雨如下财，风雨贵人来。有一种祝福叫风雨无阻，风声雨声祝福声，声声入耳。我祝大家遇水则发，顺风顺水，一顺百顺。

3.俗话说，贵客带雨，雨天来财。祝大家一切顺意，百事从欢！

4.雨生万物，雨润百谷，雨洗红尘，雨送祝福。祝大家风调雨顺，一顺百顺。

5.雨水为财，大吉大利。这是老天给的风雨洗礼。祝大家风生水起，财从天降，财运滚滚来。

6.雨声祝你平安，雨水冲走烦恼，雨花捎去牵挂，雨点圆你心愿。愿你雨天好心情。

7.等一场好雨送春归，待一季新花开满城。让我们遇水则发，一顺百顺。

8.雨滴轻轻敲打着窗户，仿佛在诉说着大地的喜悦。

今晚，让我们举杯向雨致敬，感谢它给大地带来的生机与活力。

有人说，雨是天空的诗，是云朵的歌。

我想说，雨也是我们的酒，让我们在雨中畅饮，享受这份来自大自然的馈赠。

愿我们的生活像雨后的彩虹，绚丽多彩，充满无限可能。干杯！

9.各位朋友，今晚我们举杯共饮，庆祝这场及时雨！

这雨啊，就像是天空跟我们开的玩笑，时而轻柔如丝，时而大雨如注。

不过没关系，它总是带着清新的气息和满满的祝福。

让我们以这杯酒，感谢雨的滋润，祝愿我们的生活能像这雨后的天空，晴空万里，清新明亮！干杯！

10.各位朋友，让我们为这绵绵细雨献上一杯酒！雨啊，就像个调皮的小精灵，给大地洗澡，给空气加湿，偶尔还会偷偷溜进我们的心里，让人心旷神怡。

今晚，让我们在这雨声中开怀畅饮，让烦恼随雨飘走，让快乐随酒而来。

愿我们的友谊像这雨一样，连绵不断，滋润心田。干杯！

11.各位朋友，让我们为这场雨干杯！

雨啊，真是大自然的调酒师，让空气变得清新，给世界调出了最美的颜色。

今晚，让我们在这滴滴答答的雨声中，开怀畅饮，忘掉烦恼，享受这难得的惬意时光。

愿我们的生活也像这雨后的世界，充满色彩，更加美好！来，举杯同庆，为雨干杯！

12.风啊，你就像个无拘无束的诗人，四处游走，传递着自由和快乐。

今晚，你轻轻拂过我们的脸颊，带来了一丝凉爽，也带走了我们的疲惫。

感谢你，风，让我们在这轻松愉快的氛围中畅谈人生。

愿我们的生活也能如风一般，自由自在，无拘无束！

干杯!

13. 风是大自然的最佳段子手，总能吹走沉闷，带来欢笑。

它轻轻拂过，就像在说："嘿，兄弟，今晚咱们不醉不归！"

所以，让我们在这风的陪伴下，开怀畅饮，笑谈风云。

愿我们的生活都能如风般，潇洒自如！干杯！

14. 风啊，你总是那么调皮，时而温柔轻拂，时而热烈拥抱。

今晚，你更是为我们带来了欢聚的氛围，让我们的笑声随风飘向远方。

感谢风，让我们的聚会更加愉快！愿我们的生活也像风一样，充满乐趣，自由自在。

干杯，让我们一起享受这美好的夜晚！

15. 风是自然界的喜剧大师，总能给我们带来意想不到的惊喜。

你时而轻柔如丝，让人心旷神怡；时而又狂野如狮，让人忍不住想跟你一起狂欢。

愿我们的生活也如风一样，既有宁静的安逸，也有激情的火花。

让我们为这风，也为这美好的夜晚，干杯！

16. 雪是冬天的使者，也是聚会的最佳拍档。

你一来，整个世界都变成了童话世界，我们的心情也跟着变得纯洁又欢乐。

感谢雪，让我们的聚会更加有趣和难忘！

愿我们的生活也如雪一样，洁白无瑕，充满浪漫与惊喜。

干杯，让我们一起享受这美好的雪夜！

17.雪一来，世界都白了头，我们也跟着变得年轻有活力！

希望我们的友谊也能像这雪一样，越积越厚，永不消融！

来，干了这杯，愿雪花飘进我们心里，带来无尽的欢乐！

18.让我们举杯邀雪共饮，愿这洁白的雪能带走一切烦恼，只留下无尽的欢笑和回忆。

干杯，让我们一起在这雪夜里，尽情享受这份独特的快乐！

19.看这纷纷扬扬的雪花，简直是在为我们助兴！我们就边赏雪景，边畅聊人生。

愿这雪能带来好运，让我们的友谊像雪一样纯洁，像雪一样深厚。

干杯，让我们在这雪夜里，尽情享受这份独特的浪漫与快乐！

20.雪就像天空撒下的棉花糖，让我们这些"吃货"们怎能不心动？

它给大地披上了白袍，就像个调皮的画家。

来，举杯邀雪，愿我们的笑声比雪花还密集，愿我们的生活像雪后的阳光，温暖又明亮！

干杯，让我们在这雪夜里尽情狂欢！

第十章

感谢篇

这样感谢贵人，让你继续腾飞

1.老话说得好，贵人扶一步，胜走十年路。张总，您是把我扶上马，又送我一程的贵人，感谢您！您像夜空中的星光，航行中的灯塔，指引我，照亮我。愿您一生无忧，眉眼如初，岁月如故。那我就把酒倒满，心怀感恩，一生珍惜！干杯！

2.读万卷书不如行万里路，行万里路不如贵人相助。感谢李总对我们的支持，祝您日出有盼，日落有思，平平安安，所遇皆甜！

3.懂得感恩，黄土变黄金；心怀感恩，好运格外亲；常念恩情，人生事事顺！

4.山河不足重，重在遇贵人！祝我的贵人，工作顺，生活甜，快乐幸福每一天！

5.树高千尺不忘根，人若风光莫忘恩！感谢林总对我们的支持。

万水千山总是情，喝杯福酒我看行，愿好运与大家同在，快乐与大家同行，健康与大家同路。干杯！

6.在我人生的旅途中，有您这位贵人相伴左右，如同明灯照亮前行的道路。感谢您的悉心指导和支持，愿您在未来的日子里事业有成，家庭幸福，继续书写辉煌的人生篇章。

7.首先敬酒，感谢有您一路同行；最后祝福，愿您的生活如诗如画，步步高升，事事顺心。

8.敬您一杯，感谢有您一路相伴。您的关怀与支持是我前进的动力。愿我们的友情如美酒般越陈越香，祝您事业有成，家庭幸福！

9.感谢贵人一路相伴，指引我前行的方向。愿您岁月静好，幸福安康；事业有成，步步高升。感恩有您，祝愿未来更美好！

10.感恩有您，如同明灯照亮我前行的道路。愿您的生活如诗如画，幸福美满；事业蒸蒸日上，前程似锦。

11.酒杯交情深似海，感谢有您伴我行。祝您事业蒸蒸日上，家庭幸福美满！

12.新春佳节，举杯同庆。感谢您过去一年的悉心指导和无私帮助，让我在工作中不断成长。值此佳节之际，祝您财源广进，步步高升！

13. 在我人生中最迷茫、最困难的时候，是您伸出了援助之手。如果当初没有您无私的支持和帮助，就没有我今天的发展和成就。您就是我生命中的贵人，今天这杯酒敬您。

14. 一起经历了这么多风风雨雨，不管将来如何，感谢您曾经的关心和栽培。在这里给您敬杯酒，祝您身体健康，事业顺利。

15. 感谢您对我的关怀，在以后的岁月里我一定会加倍努力。

16. 在我的人生旅途中，你的帮助和支持是我宝贵的财富。这杯酒敬你，感谢你一直以来的陪伴和帮助，愿我们的友谊天长地久。

17. 路遥知马力，日久见人心。在这次困难中，你给了我们巨大的帮助，我永远不会忘记你的恩情。通过这杯酒，我向你表达我最深的感激之情。

18. 谢谢你为我排忧解难。你的善良和无私总是让我感到温暖。这杯酒是我对你无尽的感激之情的象征，愿我们友情长存。

19. 在这个特殊的时刻，我想对您说声谢谢。您的帮助和支持让我能够走过这段路，迎接未来的挑战。让我们一起为这一美好的时刻和未来的美好前景举杯。

20.亲爱的朋友，与你相识是我人生中的一份幸运。在你的帮助和支持下，我不断成长和进步。在此，衷心地向你说声谢谢！愿我们的友谊天长地久，未来更加美好。

21.感谢有你们一路相伴，让我的生活充满阳光。在这特殊的时刻，让我们一起举杯，为友谊干杯，为过去一年的美好记忆干杯，也期待新的一年里，我们能继续携手前行，共同创造更多美好的回忆。

22.感谢你陪我闯过了那些风、那些雨，感谢在最无助的时候有你鼓励，感谢在孤独的时候至少还有你。

23.感谢您的提携之恩，今后，您将始终是我敬重的领导和学习的楷模。无论是在工作上还是在生活中，我会时时把您的教诲和指示铭记于心。

24.举杯感恩，感谢您一直以来的关照和支持。您的帮助是我们成长的动力，您的陪伴是我们前行的勇气。愿这杯酒承载着我们的谢意，为您带去温暖和愉悦。

25.人生难得几回醉，今日相聚情更浓。感恩有您，共度佳节；举杯同庆，友情永存。愿岁月静好，我们继续携手前行，共享更多欢乐时光。

26.谢谢您的关心和支持，您的理解和包容让我感到非常温暖。我会继续努力，为您和更多的人带来更好的服务和产品。

我敬您一杯！

27.很感激你，正是因为你一直以来的帮助和提拔，才有我今天在公司的成绩，谢谢你！

28.让我怎样去感谢你？当我走向你的时候，我原想收获一缕春风，你却给了我整个春天。

29.您的支持和信任，让我更加坚定了自己的信念和追求。谢谢您的提携之恩！

30.您的帮助和支持是我成长道路上的重要一环。感谢贵人提携，我会继续努力。

31.您是我生命中的贵人，您的提携和支持让我如虎添翼，感激不尽。

32.您的帮助不仅给了我机会，还让我看到了自己的潜力和不足。

谢谢您的提携之恩。

33.感恩遇见,感谢贵人提携,您的指引是我前进的方向。

34.在我迷茫的时候,您的提携和支持如同一盏明灯,指引我前行。

真心感谢您的帮助。

35.您的慷慨帮助和无私奉献,让我感到深深的敬意和感激。

谢谢您的提携之恩。

36.在这特殊的时刻,我想对你们表达我深深的感激。你们的提携之恩,如同指引我前行的明灯,让我在人生的道路上少走了很多弯路。

37.我非常感激您给予的机会和指导,让我能够不断成长和进步。

谢谢您的提携之恩。

38.感谢您对我的才华和努力的认可,这对我来说意义非凡。

我会继续保持热情和努力,以回应您的赏识和期望。

这样感谢客户，让你不断出单

1.酒逢知己千杯少，情深意浓话未了。感谢有您相伴左右，共同经历风雨与阳光。

今朝举杯同庆，愿未来日子如诗如画，我们继续携手前行。

敬您一杯，感谢您的悉心指导和无私帮助。愿我们的合作像这杯酒一样，越喝越顺畅。

2.您真的太厉害了，这个项目要是没有您的参与可不行。

我先提前为项目的成功，敬您一杯。感谢您对我们的信任与支持。

祝福我们在未来共同创造更美好的明天。

3.多亏了您在这个项目中出了大力，这个项目才能圆满成功。为了感谢您，我一定要敬您一杯。

希望咱们两家公司今后多多合作，互相帮助，一起迈上事业的巅峰。

4.感谢您今天来捧场！您是我最珍惜的客户，您是说话有准、办事靠谱的典范，

我们的合作一直非常成功。在新的一年我会继续努力，提高客户满意度，所以您需要什么，反感什么，喜欢什么，

请随时让我知道。

合作愉快，干杯！

5. 谢谢！能得到您的夸奖，我感到非常荣幸。

您的满意是我们的追求，这些都是我们应该做的。

今天您的鼓励和认同，会使我不断进步。

我会百尺竿头更进一步，争取下次更好地为您服务。

6. 今天，我们特备薄酒一杯，谨此答谢_____总多年来和我们_____公司风雨同舟，合作共赢。

期望咱们今后多多合作，把事业做大做强！

7._____总，我非常感激您一直以来对我们公司的支持，现在我有一个小小的请求。

我们最近遇到了一些小问题，需要您的指点才能更好地解决。

这次特意邀请您来，真的是遇到难处了，请您多帮帮忙，这杯酒我敬您。

8._____总，我知道这件事不太好办，但是我相信凭您的能力，这不是什么大问题。

当然了，我肯定会全力协助您，有什么用到我的地方您直接跟我说，我一定义不容辞。

这杯酒，我先干了，您随意。

9.生意好，多赚钱，年年赚得花不完；媳妇美，真好看，年年至少赚百万。

父母健康又开心，一年四季不缺金，今年赚的明年花，年年分店开不停。

生意如同长江水，生活如同锦上花，大财小财天天进，一顺百顺发发发！

10.各位来宾，女士们、先生们，很高兴能够在这里与大家共度这个美好的时刻。

今天，我们聚集在这里，不仅仅是为了庆祝我们公司的成功，更是为了友谊和合作。

在此，我要向大家敬一杯酒，祝愿我们友谊长存！

11._____总，感谢您一直以来的信任与支持。

愿我们的合作如美酒般醇厚，事业如日中天，财源广进。

祝您生意兴隆，万事如意！干杯！

12.岁月流转，情谊长存；商海沉浮，共铸辉煌。

敬您一杯，祝您事业蒸蒸日上，财源滚滚而来。

愿您的生意越做越大，财富越来越多。

第十一章

夸人篇

高情商夸男人，让他欲罢不能

1.每一口都甘甜，每一次都畅快。

酒杯里面乾坤大，一口饮尽万般情。

男士之志，酒杯相映。壮志豪情，酒中豪杰。

祝男同胞们酒量如海深，心情似酒浓。

2.在场的男士们，祝你们每次举杯都能碰出火花。

愿你们的酒杯中装满欢笑与故事，干杯！

3.一杯敬过往，感恩有你相伴；

二杯敬未来，期待与你共赴更多美好时光。

愿哥们儿事业有成，步步高升；家庭和睦，幸福美满。
干杯！

4.我要敬每一位努力奋斗的男士，你们的努力和智慧铸
就了今天的成果。

为你们骄傲，为你们干杯！

5.让我们举杯共饮，

为那些在困境中依然坚守、砥砺前行的男士们致敬。

祝福你们在生活的战斗中永远屹立不倒，成就辉煌！

6.愿你在酒的世界里找到自己的味道，品味生活的酸甜苦辣。

每一滴酒都是一个故事，每一个故事都是一段人生。

祝兄弟们喝得畅快，活得愉快！

7.男有福，女有财，两手插在兜里；酒倒满，不喝醉，一生平步青云。

男人不怕醉后吐真言，喝了二两酒顶起半边天。

祝愿你的事业蒸蒸日上，祝愿你的生活红红火火。

9.此刻，我要为在座的每一位男士送上最真挚的祝福：

愿你们生活充满幸福的阳光，事业如日中天，家庭温馨和睦。

10.酒到福到，酒满福满。贵人吃贵酒，贵人吃鳜鱼。

酒洒贵人身，情意似海深。端杯不落地，落地没心意。

女人端一杯，男人咋能推？喝！

11.回忆我们共同度过的日子，仿佛一部壮丽的史诗，充满着激情、奋斗和胜利。

让我们继续这段美好的旅程，携手共进，再创辉煌。

愿各位男士健康、幸福、快乐，事业蒸蒸日上！

13.男士要有风度，一杯白酒先下肚。

祝您吃不愁，穿不愁，不住平房住高楼。

大财小财天天发，今年发明年发，发到银行搬回家。

14.阁下喜欢坐中间，酒量肯定不一般。

老板生意想成功，快将美酒喝一盅。

第一杯：祝您万事吉祥，万事如意，出门多赚人民币。

第二杯：祝您好事成双，出门才风光，钞票直往兜里装。

第三杯：一杯金，二杯银，三杯喝出聚宝盆。

看您一直不说话，喝酒肯定不害怕，因为沉默是金，喝酒不晕。

15.帅哥长得帅，喝酒不耍赖。人帅个子高，媳妇随便挑。

人帅会说话，业绩肯定不会差；人帅会演讲，将来是个董事长。

16.眼镜一戴，属您最帅；眼镜一脱，喝得更多。

戴眼镜学问高，喝酒肯定有绝招。

浓眉大眼八字胡，喝酒肯定不含糊。

一杯美酒，祝你事业有成，步步高升；

两杯美酒，愿你家庭和睦，幸福安康；

三杯美酒，祝你身体健康，万事如意。

17.头发理得平，喝酒肯定行。

头发根根站，喝酒不用劝。

头发梳得光，喝酒要喝光。

头发向前趴，喝酒顶呱呱。

头发往后背，前途放光辉。

头发两边分，喝酒肯定最认真。

发型这么时尚，喝酒一定是你强项。

幽默夸女人，让她满脑子都是你

1.举杯祝每位女士，愿你们的优雅和智慧，像这杯酒的余韵一样悠长。

2.今天我们相聚在此，我要向各位女士献上最诚挚的祝福：

愿你们的人生如这杯酒一般，流光溢彩，韵味无穷。

3.亲爱的女士们，让我为你们献上最美好的祝福：

愿你们的人生如这杯红酒，越陈越香，回味无穷；

愿你们的美丽如同透明的酒杯，越看越喜欢；

愿你们的事业如酒一般烈火如歌，蒸蒸日上；

愿你们的生活如同美酒般醇厚，幸福满满。

4.这第一杯酒您先尝，来给您端杯健康酒，祝您健康常有，青春不走。

这第二杯酒您再尝，给您端发财酒，祝您出门风光，钞票都往兜里装。

这一杯健康，两杯财，三杯好运跟着来，祝美女不长斑，不长痘，天天吃喝不长肉；

今年美，明年美，一年更比一年美！

5. 祝你拥有甜甜的笑容，美美的模样，连连的好运，久久的幸福；

愿你一直是一八的心态和快乐，二八的青春和年华，三八的身段和甜蜜！

6. 尊敬的_____，在这个美好的时刻，愿您如花般绽放，岁月静好，幸福常伴左右。愿您的人生如诗如画，幸福快乐，芳香四溢。

7. 亲爱的女士，愿您的笑容如春花般绽放，生活如美酒般醇厚。

祝您生活如意，健康长寿，生活甜蜜，笑容灿烂。

8. 祝你生活越来越好，长相越看越俏，经济再往上搞，别墅钻石珠宝，自我感觉贼好，外加幸福骚扰。

我也为你这样的女人倾倒！

9. 姐妹情深，喝酒平分；姐妹情厚，两杯不够。

一杯情，二杯意，三杯喝出真情意。

10. 喝了这杯酒，你一定会越来越漂亮，越来越年轻，越来越可爱，越来越讨人喜欢；

身材会越来越苗条，身体会越来越好，气色会越来越红润，容光焕发，精神抖擞。

不相信你现在就干了这杯酒，立马见效，这是天仙喝的佳酒，干杯！

11. 美女喝杯酒，祝您美丽无忧愁，不长年龄不长岁，只涨工资和地位！

青青的山，绿绿的水，也比不上你如花似玉的美。

漂漂亮亮的好模样，标标准准的旺夫相。

12. 美女一枝花，全靠酒当家；喝杯青春酒，祝您美丽无忧愁！

天蓝蓝，海蓝蓝，喝完这杯往下传，白酒、红酒、小啤酒，祝我们友谊天长地久。

干杯！愿你在新的一年里事业有成，家庭幸福，身体健康！

13. 漂亮的女人是钻石，贤惠的女人是宝库。

女人也是半边天，不喝也要沾一沾。

14. 美女美女真美丽，喝起酒来像雪碧；美女一笑俩酒窝，简直好看得没法说。

祝您美丽如鲜花，浪漫胜樱花，每次购物有钱花，天天收到玫瑰花。

15. 相聚都是知心友，先敬小妹一杯酒。

妹妹和我感情深，端起杯子一口闷。

妹妹和我感情浅，端起杯子舔一舔。

16. 包房不大，风景如画；美女不多，全在这桌。

在今天这个开心的时刻，我来给美女敬杯酒：

第一杯酒，我就祝美女不长眼袋不长纹，只长妖娆和妩媚。来，您请干！

你看美女大眼睛亮晶晶，越看越像大明星，人美个子高，女神模样样样都达标。

第二杯酒，我就祝美女顺风顺水顺财神，朝朝暮暮有人疼，天天都能有人爱，今年二十，明年十八，后年就喝娃哈哈。

17. 女人不喝一般的酒，一般的女人不喝酒，喝酒的女人不一般。

你有闭月羞花之貌，喝酒肯定是你爱好。酒沾唇，福满门。干杯！

18. 在此，我建议大家共同举起手中的酒杯，祝愿我们今天的美女生日快乐，

同时也祝愿在座的各位女神美丽胜鲜花，手里有钱随意花，天天有人给送花，只做一个无比动人的女人花。

19. 人美头发长，一看就是老板娘；

人美嘴巴甜，一看就是不差钱。

世上的女孩千千万，但像你这样集美貌与智慧于一身的，真的很少见。

20.好看的人那么多，你却是最耀眼的那一个。

满天星辰，都不及你眼中的光亮。

要是我有你这个颜值，我出门都得横着走。

21.你状态真好，状态好运气就好！

端起这杯酒，让我也跟着你沾点儿好运气。

22.这么大的事，您一句话就皆大欢喜了，您的魅力真不一般。

若能赏光喝一杯，我当倍感荣幸。

23.现在，我终于懂得了"明明可以靠脸吃饭，却偏偏靠才华"这句话的意思。

这一杯祝您青春永驻，美丽不老！

24.看到你，我才明白为什么那些花儿都要自卑了。

你一定是仙女下凡来凡间历劫的吧？

端着这杯酒，我感觉就像在做梦，一点儿都不真实。

第十二章

家有喜事篇

宝宝满月百天宴，吉祥话语启一生

1.琴瑟和鸣添新曲，喜得贵子倍欢畅。每一个新生命的诞生，都为这个家庭带来了丰盈、圆满。

祝福宝贝健康成长！

2.添金添银不如添新人，恭喜您，又有了另外一个身份。

荣升爷爷喜心田，福星降临喜得孙；安好无恙是心愿，天伦之乐有后人。

3.美酒飘香迎来了良辰吉日，欢声笑语共祝李家喜得千金。

宝宝到，快乐绕，除了开心就是笑。

给宝贝准备了一副镯子，祝福她茁壮成长！

4.两人世界很甜蜜，四口之家甜蜜蜜。

祝宝贝健康成长身体好，快快乐乐没烦恼。

客人致辞

1.家有一老，如有一宝；家添一小，如获"活宝"。

祝贺你拥有"老宝"，再添"新宝"。

祝福你宝上加宝，合家欢，全家福，幸福生活美又好。

2.百日宴，喜洋洋，满桌佳肴庆安康。

愿宝宝如阳光般明媚，如花朵般绽放，健康快乐地成长。

3.举杯欢庆百日酒，愿宝宝像阳光一样明媚，如彩虹一般多彩！家庭幸福万年长。

4.恭祝你们喜得千金，从今以后，千斤幸福将压在你们身上，千斤快乐将伴随在你们身旁，愿可爱小千金每天健康快乐成长。

学宴上吐真情，日后腾达有回报

主人致辞

1.各位亲朋好友，今晚我们欢聚一堂，共同庆祝这特殊的时刻。

有人说，学习是场马拉松，但我想说，这场马拉松我赢在了起跑线——考上了心仪的大学！

感谢大家一直以来的支持和鼓励，是你们让我有了前进的动力。

今晚，让我们举杯同庆，愿未来的路越走越宽，越走越顺！

干杯！

2.亲爱的各位来宾，感谢大家在百忙之中抽出时间参加今晚的升学宴！

我深感荣幸，也倍感激动。

看到孩子即将踏上新的学习征程，我由衷地为他感到骄傲和自豪。

今晚，让我们举杯同庆，为他的升学之路干杯！

同时，也祝愿各位来宾身体健康，事业有成，家庭幸福！干杯！

3.今天，我们欢聚一堂，共同庆祝我家孩子成功升学。

孩子多年的辛勤付出终于换来了这份荣誉，我们为他感到骄傲和自豪。

在此，我要向所有关心、支持、帮助过孩子的老师、亲朋好友敬一杯酒。

正是你们的陪伴和教导，让孩子在成长的道路上更加坚定和自信。

客人致辞

1.星光不问赶路人，时光不负有心人。

恭喜小高同学成功上岸考入理想的大学。

成功上岸不是终点，而是另一个奋斗的起点，希望你在奔赴未来的路上能够乘风破浪，勇往直前。加油！

2.大鹏一日乘风起，扶摇直上九万里。十二年寒窗苦读，高考完美落幕，恭喜成功上岸考上理想的大学。此时此刻，是不是有一种轻舟已过万重山的轻松？

路在脚下，梦在前方，愿你的前途一路光明。

3.举杯设宴同庆祝，亲朋好友共欢乐。志向高远入学府，大步迈向成功路。

恭喜！准备了一个背包，一份轻松的心情，一种美好的向往。

愿你踏着快乐的节奏，走向美好，向未来出发。

4.新的起点，新的挑战，愿所求皆如愿，所盼皆可期。
愿你在未来的路上乘风破浪，不负青春，不负韶华。

5.长风破浪会有时，直挂云帆济沧海。
恭喜你考入理想的大学！

6.能带来快乐和感动的是你的付出和坚持，恭喜你，考上理想的大学！

新的长征路上，有风有雨是常态，风雨无阻是心态，风雨兼程是状态，加油！

祝你扶摇直上九万里，一步青云鹏展翅！

7. 所有披星戴月走过的路终会繁花盛开。

恭喜你，在高考这一站一跃龙门，得偿所愿，考上理想的大学！

大学是青春相聚的净土，是知识的殿堂，我希望你在这方净土上播下希望，在殿堂中收获梦想，大鹏展翅！

8. 十年寒窗无人问，一举成名天下知。恭喜你考入理想的大学，愿你一直走在开满鲜花的路上。

9. 你的努力和汗水换来了今天的成就，这是值得骄傲和自豪的时刻。在未来的日子里，愿你继续保持这份热情和毅力，不断追求卓越，为人生书写更加精彩的篇章。

迁居宴上这样说，保证暖场又暖房

1. 乔迁新居喜洋洋，吉星高照福满堂。恭喜您乔迁新居！

搬进来是大吉大利，迈出去是平平安安，愿您三餐好饭，四季平安，五福临门，六六大顺！

2. 带着旧人换新居，一年更比一年强。

3. 乔迁新居喜盈门，新运新福双双到；进门平安出门利，人财两旺皆如意。

入住新宅身安康，幸福日子万年长。

4.良辰吉日，乔迁新居，新的环境，新的向往。搬进来是大吉大利，迈出去是平平安安。祝您诸事顺利，平安喜乐，花开富贵。

5.搬个新家，住得舒心；买间新房，无比开心；换个新居，一切顺心；来个新楼，看着欢心；有个新家，十分安心。
朋友，祝你乔迁快乐，生活舒心。

6.搬新家，好运到，入金窝，福星照，事事顺，心情好，人平安，成天笑，
日子美，少烦恼，体健康，乐逍遥，朋友情，总是在，祝福你，幸福绕。

7.喜迁新居，福地洞天；乔迁之喜，吉祥如意。愿新居给你带来无尽欢乐，生活更加美满如意。祝你乔迁之日快乐无比，幸福永远伴随左右！

8.一杯乔迁酒，情深意更浓。祝贺您搬入新居，愿新家带来新的喜悦和好运，让您在新的环境中创造更加美好的未来。

9.恭喜乔迁新居，愿新家给你带来无尽的欢乐与幸福。此酒特献，祝你步步高升，

事事如意，家庭和睦，万事胜意！

10.搬家搬家，搬来好运连轴转，搬来福星照满屋，搬来平安把手牵，搬来健康乐开怀，搬来幸福久又长，搬来祝福绕着跑。